解·析 天才的产生

〈上〉

刘颖 ◎ 编著

中国出版集团
现代出版社

图书在版编目(CIP)数据

解析天才的产生(上)／刘颖编著. —北京：现代
出版社，2014.1

ISBN 978-7-5143-2097-8

Ⅰ. ①解… Ⅱ. ①刘… Ⅲ. ①成功心理 – 青年读物
②成功心理 – 少年读物 Ⅳ. ①B848.4 – 49

中国版本图书馆 CIP 数据核字(2014)第 008517 号

作　　者	刘　颖
责任编辑	王敬一
出版发行	现代出版社
通讯地址	北京市安定门外安华里 504 号
邮政编码	100011
电　　话	010 – 64267325 64245264(传真)
网　　址	www. 1980xd. com
电子邮箱	xiandai@ cnpitc. com. cn
印　　刷	唐山富达印务有限公司
开　　本	710mm×1000mm　1/16
印　　张	16
版　　次	2014 年 1 月第 1 版　2023 年 5 月第 3 次印刷
书　　号	ISBN 978-7-5143-2097-8
定　　价	76.00 元(上下册)

目　录

第一章　天才产生的外在条件

第二章　天才产生的内在动因（上）

第一章　天才产生的外在条件

（一）教育是人生的起点

1. 教育的含义

教育是培养新生一代准备从事社会生活的整个过程，也是人类社会生产经验得以继承发扬的关键环节，主要指学校对适龄儿童、少年、青年进行培养的过程。教育也分为广义上的教育和狭义上的教育。教育是人生的起点，美好的人生从教育开始。

宝宝还在妈妈的子宫里时，很多父母就给宝宝听音乐和故事，希望对孩子发展产生影响。还有很多年迈的老人，在头发花白之际还在坚持上老年大学、读书诵经、练习书法。可谓是活到老学到老。不难看出教育过程开始于出生并持续终身已被广泛接受。教育对天才的形成也起到不可忽视的作用，无论什么样的孩子都要通过接受教育来开发自身的潜能。

2．狭义教育

我们先来谈谈狭义的教育，即学校教育。学校教育自出现以来就一直处于教育活动的核心。学校教育十分有利于一个国家教育事业持续和稳定的发展，也有利于青年一代系统地掌握科学知识和全面发展各种能力。学校教育以一个系统的社会组织形式与其他方面发生联系，促进社会发展和人的发展，保证对青年一代教育的科学性、连续性和有效性。人的一生不可以不学习，而读书是受教育的一个重要途径。适龄儿童和青少年都必须接受我国义务教育特别是指小学到初中的九年义务教育，也就是上学读书。学校不同于家庭，它具有更多的集体性质，在学校里受教育者有机会与许多成人和同龄人发生关系。因此学校对于儿童和青少年心理行为发展的影响是全方位的。

学校教育的主要影响体现在教师、同伴和学校环境。首先，教师可以对学生行为发展做出指导和规范。具有良好心理素质的老师也可以成为儿童效仿的榜样，教师对儿童的行为习惯的形成起着重要作用。其次是同学或同伴的影响。动物研究表明，由母猴抚养长大、从来没有和其他幼猴一起玩耍过的猴子无法发展正常的行为模式。当将它们置于猴群中时，它们异常地害怕接触，或表现出过度的攻击行为。人类也是一样。从幼儿时期开始就必须在与同伴的彼此相互作用的过程中学习社会技能，例如懂得付出和回报、合作精神、团队意识和理解他人感受等。同伴不仅是奖惩的施予者，而且也是儿童互相模仿学习的对象，因此对学生行为规范的确立有重要影响。渐渐长大了就会明白，我们一生中最珍惜的那些朋友往往是我们学生时代的同窗。我们在学校相识，也在学习的过程中结下友谊。一起经历过的那些岁月，成了人生中最宝贵的记忆。这些朋友中，有的教会你如何去爱，有的教会你如何成长，有的教会你明辨是非。友谊是人一生中最应该重视的东西之一，要记得朋友越多，路越宽阔。但是尽管同伴交往是心理健康发展的重要条件，但交友不慎也会对学生健全人格的塑造产生不利影响。因此，青少年在与伙伴交往时可以听从家长的意见，也可从实际情况来进行自我判断。最后，我们来谈一下学校环境。如果学校制定适当的教育目标，进行科学的管理，这将会对学生良好心理素质的形成有很大的帮助。把孩子送到良好的学校环境中学习，将会是明智的选择。校园环境，包括自然环境和心理社会环境，对学生健全人格的塑造具有潜移默化的熏陶作用，不可忽视。

3．广义教育以及教育的意义

广义上讲，凡是增进人们的知识和技能、影响人们的思想品德的活动，都是教育。不论是有组织的或是无组织的，系统的或是零碎的，都是教育。当我们完成了学校教育以后，踏进社会还是会时时刻刻地接受着教育，接受着社会环境的影响和熏陶。可以进行个人的教育活动或者集体的教育活动。

教育目的是由人提出和制定的，体现着人的主观意志。由于人们对教育持有不同的价值观，因而在制定教育目的的依据等问题上便形成了不同的主张。基础的九年义务教育，价值在于解决受教育人群德育、智育、体育、美育、劳动教育、科学教育等的原始启蒙。促使和帮助受教育人群具备接受和接纳社会生活的基本技能。随后的中高等教育，价值在于解决受教育人群具备基本的科研、实践、实验、试验、仿制、创新启蒙。促使和帮助受教育人群具备和接纳科学发明创造等专业化、工业化、标准化、信息化等生产实践的基本技能。职业化教育和培训，价值在于为社会工业化、产业化、经济发展提供源源不断的技能型人才保障。促使和帮助受教育人群懂得岗位作业工艺、培训后上岗就业、接受和应聘各类职业岗位，获得岗位作业基本技能。

中国有句俗语：十年树木，百年树人。揭示了教育的根本价值，就是给国家提供具有崇高信仰、道德高尚、诚实守法、技艺精湛、博学多才、多专多能的人才，为国家、为社会创造科学知识和物质财富，推动经济增长，推动民族兴旺，推动世界和平和人类发展。教育的最首要功能是促进个体发展。教育的最基础功能是影响经济发展。教育的最直接功能是影响政治发展。教育的最深远功能是影响文化的发展。我们接受教育有多种多样的形式，但其教育的根本目的是做人，然后才是做事。

教育是人生的起点。天才的第一步从教育开始。

（二） 环境造就天才

1. 南橘北枳

一棵橡树，如果达到理想的生长状态，可以长高到 30 米。那么，这棵树在理论上就具有长到 30 米的可能性。同样，一个孩子的生长状态理想的话，会生长成为一个能力为满分的人，那么，我们就认为这个孩子有 100 分的潜在能力。

　　这种潜在能力我们称之为天才。如此看来，天才的潜能在每个人身上都存在，并不是我们通常认为的只有少数人才有。但是，理想的状态并不能轻易达到。所以橡树虽然具备长成 30 米高的可能性，但是真要长成 30 米高还是非常困难的，一般只能达到 12 米或者是 15 米左右。如果环境不好，甚至只可能长到 6～9 米之间。不过，如果好好栽培，给它施肥等，或者能够长到 18～21 米，也可能长到 24～27 米。同样，对于生来具备满分能力的儿童，如果完全放任自流，结果会是成长为具备 20～30 分能力的成人。换句话说，其潜在能力只发挥到二成至三成。但是，如果教育得当，就可能达到具备 60～70 分，乃至 80～90 分的能力。也就是说可能发挥其潜在能力的六成或七成，甚至八成、九成。

　　对于天才儿童而言，先天的条件很重要，但是后天教育培养却是更重要的。也就是说，孩子的成长环境很重要。当然，人的能力也是这样。有一个著名的例子，英国司各特伯爵夫妇在携带着他们新生的婴儿出海旅行时，船在非洲海岸遇到大风暴而被打翻，船上的人几乎都遇难了，只有司各特伯爵夫妇带着儿子爬上了一个长满热带丛林的荒岛。但是这里没有人生存，司各特伯爵夫妇很快就被热带丛林里的各种疾病夺去了生命，只剩下小司各特。后来岛上的一群大猩猩收养了只有几个月大的小司各特，他与一些动物父母过了 20 多年之后，一艘英国商船偶然在那里抛锚，并且发现了小司各特，这时候他已经长成了一个强壮的青年，正跟着一群大猩猩灵巧地攀爬跳跃，在树枝间荡来荡去，他不会用两条腿走路，并且也不会说一句人类的语言，人们将他带回英国，引起了巨大的轰动，也引起了科学家的极大兴趣。科学家们像教婴儿那样教导小司各特，想要他学会人的各种能力，以便使他能重归人类。他们用了 10 年的时间，终于使小司各特学会了穿衣服，用双腿行走，但是他还是更喜欢爬行。并且，他始终不会说人类的语言，需要表达的时候，他更习惯像一只大猩猩那样吼叫。还有一个关于"狼孩"的故事想必大家也都知道，其中的道理是一样的。成长环境对孩子人格的确有很大的影响。

环境决定人，什么样的环境塑造出什么样的人。出生在帝王之家的孩子，长大后常常带着一种帝王的豪情与心怀，这就是帝王家族的成长环境塑造出了具有帝王胸怀与志向的人。如果用环境塑造人的道理来解释历史上很多名人的话，其实很容易理解那些人的思想感情。四大古典美人其实正是环境塑造出来的美人。西施其实并不愿意成为流芳千古的美人，是环境逼迫她，面对祖国的利益，她不得不选择把自己的青春与美丽奉献给祖国；而貂禅也是被环境所逼迫，成为一个奸诈与具有心计的美人；昭君更是被环境所逼迫，才不得已踏上了出塞的路；而那位唐朝的美人杨玉环更是典型的被环境塑造出来的美人。年轻时的杨玉环只是一个对爱情有着朦胧向往的姑娘，她从未想过自己将来能成为唐朝的风云人物，但是环境迫使她走上了历史的舞台，如果不是那次她的出现让唐朝的风流帝王李隆基眼前一亮的话，我想杨玉环的命运很可能不同于现在，正是帝王的爱让她走上了大唐江山的舞台。所以中国的古典四大美人都可以说是环境塑造出来的千古美人；如果不是环境的逼迫，我想这 4 位美人很可能要被湮没在浩瀚的历史中。

很多时候，并不是我们愿意成为这样的人，而是环境所逼迫我们成为这样的人。

因此有很多的家长很注意孩子学习环境的选择，多半愿意选择贵族学校、私立学校，可是同样的学校教育出的学生也不完全一样。

俗话说，人过一百，形形色色。环境时时刻刻都会对一个人的人格与性格产生一定的影响。比如北方寒冷，春种秋收以后，人们大多喜欢围坐在火炉旁喝酒聊天，所以北方人大多性格豪迈，做事抱团。南方气候宜人，山川众多，闲暇之余，人们多喜欢静坐小亭，喝茶看云，所以南方人大多性格恬静淡然，喜欢独处。这是大的历史环境和自然环境造成的性格差异。

在职场上，环境对人的影响就不可小视。一个人如果在一个积极向上的群体里，他就会受到周围的人感染，变得努力勤奋起来，并且做到自己的最好。成功的人或许成了这个群体的领导者，或者开创了他自己的新事业，或者在某一方面成为专家、权威，是不可或缺的重要人物。其他人虽然没有成功者那么优秀，但是他们都以成功者为楷模，努力缩小和成功者之间的差距，在这种追逐中，自己也得到了提高。所以，在这样的环境中出来的人，多数都表现得朝气蓬勃、阳光自信、团结友爱、不屈不挠。一个人如果待在一个散漫懒惰的群体里，同样也会受到他人的感染，变得慵懒起来，他会忘记自己的雄心壮志，甘于和其他人一样平庸无聊。如果他不能改变这个群体，那么就要被这个群体给同化。人总是有惰性的，当周围的人都不思进取沉迷于安乐，对工作得过且过，没有计划性，没有长远打算，没有良好的执行力，组织框架松散无序，在这种环境感染下，再勤快的人也会变成一个碌碌无为的人。所以，在这样的环境里出来的人，多数都表现为勾心斗角、极端利己、小肚鸡肠、庸俗懒惰。

不过古人也提到了"出淤泥而不染"的现象，可见环境对人的影响还要根据一个人的性格和素质而定，但谁又能否定环境对绝大多数人的影响呢？它总会多多少少能改变一个人的一些状态，即使你不随波逐流，刻意强调对环境的抵抗，摆出"举世皆浊我独清"的姿态，固然不乏这样的例子，但这样的人毕竟也还是相对的少数，也不太容易被更多的人所接受，且"刻意"二字原本也就表明了环境影响的存在了，只是人为的摒弃。

淮南的橘树，移植到淮河以北就变为枳树。比喻环境变了，事物的性质也变了。

近年，美国一位心理学家在调查中有一个很有教育意义的案例：在美国的印第安人学堂里展示着许多印第安青年的毕业照片，他们的神情与刚刚离开家乡时迥然不同，显得气宇轩昂、才华横溢，看起来能做一番大事业。但是回到部落中后，大部分人变成了原来的样子。这是因为他们失去了能够激励自己的环境。他们的潜能被埋没了。因为与大城市相比，小城市和乡村的特点相对缺乏雄心壮志和足够的鼓励。处在那种环境下，无法通过一定的标准来衡量自己的能力。人们与世无争地生活着，周围没有什么东西可以刺激这些乐天知命的人们。

"近朱者赤，近墨者黑"。我们要注意身边的"邻里效应"，做到强化其良性的，防止其恶性的。环境的感染力我们是不能够忽视的，特别是对心理尚未成熟、对什么都可以模仿学习的孩子。"孟母三迁"的教育意义是非常深远的。"孟母三迁"的故事所以能流传至今，是因为它揭示了社会环境影响儿童成长的朴素哲理，使家长们从中得到了有益的启示。对儿童来说，由于他们生活经历少，模仿能力和好奇心强，又缺乏分析判断的能力，因此特别容易受到环境的影响。目前，独生子女中普遍存在着骄娇二气，生活自理能力差，经受不起挫折和委屈，社会交际能力差，这些不良的心理素质，都与父母教育失当和家庭中"小王子"、"小公主"的地位有着密切的关系。近几年，不少学生迷恋网吧和电脑游戏，荒废学业，成绩下降，追根溯源，是与社会上网吧和游戏机房成灾密不可分。

"近朱者赤，近墨者黑"这一成语从一个方面说明了社会环境对人的巨大作用。良好的社会环境有助于学生养成良好的社会生活习惯，形成健康科学的社会观、人生观和价值观，而不良的社会环境则会把意志薄弱的学生引入歧途。美国教育家巴尔博士称："孩子的心是一块奇怪的土地，播上思想的种子，就会获得行为的收获；播上行为的种子，就会获得习惯的收获；播上习惯的种子，就会获得品德的收获；播上品德的种子，就能得到命运的收获。"这正体现了环境的教育作用。

在一个人还没有形成独立的思考判断之前，基本上是受着环境的影响。有时候我们可能会觉得，环境固然是一个原因，但是，自身内因应该同样是一个原因。但是，为什么一个人从小就放在狼群中，人会变成狼孩？这就说明，许多时候，环境对人的影响是最关键的。但是狼孩可以经过再培养重新成为一个正常人，但是狼怎么培养却还是狼。

若说有什么能够在潜移默化中影响人的，环境就是十分重要的因素之一。人与环境是有机的整体，人无法脱离环境而单独生存。对我们学生来说，学习环境对学习的影响显得尤为突出。良好的学习环境能够使我们的学习取得事半功倍的效果。因为，在这样是环境中，自然会有一种气息在感染着你，促使你加倍努力学习。反之，不好的学习环境则会成为干扰因素，让我们的学习事倍功半，逐渐对学习失去兴趣以及信心，最终导致厌学情绪的滋生。举一个简单的例子：同样的一道题目，在舒适安静的环境中思考和在周围异常嘈杂的声音中思考，其效果是大不相同的。一道题目尚且如此，那几百道、几千道呢？还有我们的学习效率呢？久而久之，同样一个人，在不同的学习环境中，掌握知识的程度就大不相同了。因此，我们应该重视创建良好的学习环境。

2．逆境出天才

马克思说过："人创造环境，环境塑造人。"好的环境需要我们去创造，去维护。前英国首相詹姆斯·戈登·布朗说："环境塑造人，任何一种环境都是对人的塑造，人最重要的是要学会在逆境中生存，不要让逆境击垮你。"

环境可以塑造一个人，什么样的环境塑造什么样的人。逆境中成长的人，性格中常常带着一种从不屈服命运的刚毅，而成长在优越环境中的人常常对生活感到乐观，觉得生活是幸福的。逆境是指困难多，不顺利，甚至很恶劣不幸的境遇。它可能使人忧虑，痛苦不堪，但也能磨炼人的意志、品质，催人奋进。逆境往往会让人发掘出一直以来未被发掘出的潜能和天赋，逆境往往能创造出一个天才。让我们去看看那些逆境中的天才是怎么生活的。

童第周，我想这个名字对大家来说应该不陌生，但可能也不是十分的了解。现在让我们分享一下关于他的故事。童第周出生在浙江省鄞县一个偏僻的小山村里。由于家境贫困，小时候一直跟父亲学习文化知识，直到17岁才迈入学校的大门。

读中学时，由于他基础差，学习十分吃力，第一学期末平均成绩才45分。学校令其退学或留级。在他的再三恳求下，校方同意他跟班试读一学期。

此后，他就与"路灯"常相伴：天蒙蒙亮，他在路灯下读外语；晚上宿舍熄灯后，他在路灯下自修复习。功夫不负有心人。

期末，他的平均成绩达到 70 多分，几何还得了 100 分。这件事让他悟出了一个道理：别人能办到的事，我经过努力也能办到，世上没有天才，天才是用劳动换来的。之后，这也就成了他的座右铭。

大学毕业后他去比利时留学。在国外学习期间，童第周刻苦钻研，勤奋好学，得到了老师的好评。获博士学位后，他回到了灾难深重的祖国，在极为困难的条件下进行科学研究工作。

没有电灯，他们就在阴暗的院子里利用天然光在显微镜下从事切割和分离卵子工作；没有培养胚胎的玻璃器皿，就用粗瓷酒杯代替，所用的显微解剖器只是一根自己拉的极细的玻璃丝；实验用的材料蛙卵都是自己从野外采来的。就在这简陋的"实验室"里，童第周和他的同事们完成了若干篇有关金鱼卵子发育能力和蛙胚纤毛运动机理分析的论文。

新中国成立后，童第周担任山东大学副校长的同时，研究在生物进化中占重要地位的文昌鱼卵发育规律，取得了很大成绩。

到了晚年，他和美国坦普恩大学牛满江教授合作研究起细胞核和细胞质的相互关系，他们从鲫鱼的卵细胞质内提取一种核酸，注射到金鱼的受精卵中，结果出现了一种既有金鱼性状又有鲫鱼性状的子代，这种金鱼的尾鳍由双尾变成了单尾。这种创造性的成绩居于世界先进行列。他用自己充实而又辉煌的一生来证明着困境造就天才这一真理。

晋朝的孙康，小时候很爱读书，家境贫穷买不起灯油，于是在冬天的晚上，冒着严寒，借积雪反光来读书；晋朝的车胤，夏天用白绢做的口袋装萤火虫，靠萤火虫的光读书。不幸的人总比幸福的人经得起磨炼，所以，贫苦的人比富有的人更珍惜时间。世界著名作曲家舒伯特，出生于奥地利的清贫教师家庭，由于父亲收入微薄，吃不上饭是经常的事。一天晚上，他路过一家酒店，下意识走了进去，期望能碰上熟人借钱买点吃的，等了半天也没有。这时他发现地上有张旧报纸，拾起来一看，有几首新诗歌，于是突发奇想，谱下了《摇篮曲》，老板出于怜悯和赞赏，端上了土豆烧牛肉。谁能想到这首困境中诞生的《摇篮曲》在舒伯特去世后竟成了家喻户晓的世界名曲。美国的大发明家爱迪生，小时候家里买不起书，买不起做实验用的器材，他就到处收集瓶罐。一次，他在火车上做实验，不小心引起了爆炸，车长抽了他一记耳光，他的一只耳朵就这样被打聋了。生活上的困苦，身体上的缺陷，并没有使他灰心，他更加勤奋地学习，终于成了一个举世闻名的科学家。这些生活在逆境中的人，都有着一段不堪回首的记忆，但它并不丑陋，虽然只是一个背影，在它背后的深处，却闪着金子般的光辉。

困难、挫折对有志者来说是一笔财富，《周易》是周文苎在坐牢时写成的；《春秋》是孔子在仕途上失意后作的；屈原被流放时创作了《离骚》；左丘明失明后著有《国语》；孙膑被削了膝骨愤而作《兵书》；司马迁遭宫刑后写了《史记》。由此可见磨难是最宝贵的财富。贝多芬说："什么都比不上厄运更能磨炼人的德性"。失败，对弱者是一种打击，对强者却是一种激励。

不经一番寒彻骨，怎得梅花扑鼻香。多少人才在逆境中成才，这些名人的例子无一不说明这一点，穷人的孩子早当家，在逆境中成长、学习，就有可能成为有用的人。逆境是块磨刀石，它能磨砺出奋发向上的意志和百折不回的精神。逆境是所学校，人能在这里学到丰富的人生知识。

逆境更有利于人的成长，可以基于3个理由。第一，逆境增长人的理念与知识。当我们发现，这条路我们走错了，我们就多知道一条错的路是怎么走的，所以我们人生的见识以及种种的经验就更丰富了。第二，逆境拓展了人的视野及格局。当我们发现，这条路比我们想象中走得更困难的时候，下一次我们做的那种预期将会做得更好，我们做的准备将会更多。一个人如果预期他3分钟完成一个问题，结果他花了8分钟的时间，下一次他就会做8分钟的准备。第三，逆境有助于刺激我们的潜能。在路上我们有风险，有了挑战，才会激发出我们原来自己也想象不到的这种能力。在心理学上来看，学生在学习的过程当中，如果老师对他在高于预估的能力上挑战，发展的结果是更美好的。现代的独生子女在其成长过程中，父母总想方设法排除一切干扰，让其顺利成长，几乎没有经历任何磨难，适应力从何而来？遇到挫折又怎能输得起呢？有一名老教授的儿子，从小学到高中不仅学业一直名列前茅，其他方面也甚优，他从来就没输过。然而上了重点大学之后，在众多的尖子生中很难再独占鳌头，他输了，但没有输得起，就因为考试分低，学校要他留级，他就离校出走了。某市重点高中高考落榜的学生中有4名服毒自杀，后因抢救及时才获救。我们都还记得曾经活跃在诗坛上的青年诗人顾城，仅仅因为感情上的一点挫折，就自杀了，一颗炫目的流星就这样陨落了。让人痛，让人怜。类似的由于在顺境中成长起来的，遇到一点点挫折就摔倒爬不起来的例子太多了。现实生活中，除这些遇挫折而自杀、出走的典型事件外，青少年中其他心理问题的发生率也很高，在独生子女身上尤为突出。我们常看到一些学生，因为别人说了自己什么，觉得自尊心受到损伤，就不愿意与别人交往，即使是自己的过错，也没勇气承认，被别人指出过错，就会有被否定的挫折感，得到表扬，就洋洋自得，受到批评，就沮丧，就萎靡不振。究其根源，这种结果与孩子成长过程中没有获得对挫折的适应力有直接关系。

"自古英雄多磨难，从来纨绔少伟男"。玉不琢不成器。为了不让我们的孩子受挫就败，经得起生活中的各种应激和挑战，从小就需要进行一些挫折教育。如果说蚌的痛苦凝成了珍珠，那么当它们经历了一次又一次的挫折之后，自然会形成不屈的毅力，无畏的勇气和坚韧的性格。尽管他们可能会摔倒，但只要爬起来仍是一路艰辛一路歌。他们必会正视挫折，驾驭挫折，化解挫折，战胜挫折。逆境更有利于造就天才。

3. 顺境出天才

有利于成长的环境谓之顺境，有利于养成坚强性格的成长环境谓之顺境，有利于顺利培养成具有百折不挠精神的环境谓之顺境。

人不可能一辈子都不如意，当然在他的一生中也有着所谓的顺境。爱迪生 12 岁的时候，因为喜欢"鼓捣"科学小把戏，被校长误认为贪玩而开除了。这使爱迪生幼小的心灵受到了很大的打击。然而，她的母亲最了解自己的儿子的兴趣，她不认为儿子的兴趣是不务正业。她为儿子创造了良好的条件，给爱迪生开辟了实验室，支持孩子的小科学实验，从而使爱迪生的发明智力得到了充分的发展，终于发明了白炽电灯泡、电报机、留声机等，并发现了热电子发射现象。

现任中国残联主席张海迪，可以说她成功于逆境之中。但是，我们站在顺境的角度来看，没有同志们的帮助鼓励，她有勇气活下来吗？如果没有组织上的关怀、照顾，她能战胜病魔吗？如果没有党的哺育指导，她又能做出如此辉煌的成就吗？

宋代著名婉约派词人晏殊的一生，可以说是非常顺利的一生。晏殊（991—1055）字同叔，临川（今属江西）人。7岁能文，14岁以神童召试，赐同进士出身。庆历中官至集贤殿大学士、同中书门下平章事兼枢密使。范仲淹、韩琦、欧阳修等名臣皆出其门下。卒谥元献。他一生富贵优游，所作多吟成于舞榭歌台、花前月下，而笔调闲婉、理致深蕴、音律谐适、词语雅丽，为当时词坛耆宿。《浣溪沙》中"无可奈何花落去，似曾相似燕归来"二句，传诵颇广。原有词集，已散失，仅存《珠玉词》及清人所辑《晏元献遗文》。又编有类书《类要》，今存残本。

顺境和逆境都是人类成长中必须要去面对的两种相对境遇，但是相比较而言，顺境更有利于人的成长。首先从人的身心发展来看，一方面科学的营养供给、健全的公共卫生体系，比起匮乏的物质保障、欠缺的公共卫生服务，更有利于人的生理成长。另一方面，顺境更有利于人心智的成长。人心智的成长包括认知能力的提升、性情的陶冶、品格的养成。逆境中，学习环境是压制性的，可以认知事物。但是顺境中，提供的是鼓励性的教育氛围，更有利于认知的系统发展。逆境中可以认识到人生的艰辛，但也容易产生焦虑和痛苦，甚至产生对他人的疏离感和不信任。而顺境当中，我们更可以体会到家庭的温暖、社会的关爱、友情的可贵，从而拥有宽容开放、健康的心态。逆境中，对人品格的培养是有条件的，很容易就超出了基本的心理承压范围，造成人格的扭曲。而顺境中，对人品格的培养，却是潜移默化的。通过积极的教育手段，和良好的性情陶冶，锻造更健全的人格。

其次，从人的社会化进程来看，一方面顺境更有利于满足人生各阶段的成长需求。当我们还是孩童的时候，顺境中家庭的关爱让我们具有了自信心和自主意识。而在破碎家庭中长大的孩子，容易自卑多疑。青少年在顺境中接受良好的教育，有利于学业有成、谋生有道。而缺乏教育，则会失去成长依托，迷失生活方向。当我们到了成年乃至老年的时候，顺境使人在自我肯定中获得终生成长的动力。而逆境的冲击容易使人意志消沉、自我否定。另一方面，顺境更有利于人社会角色的成熟。因为人的成长，总是以其独立的担当恰当的社会角色为标志的。逆境中的困顿，容易产生挫败感，使人打断终生成长的进程。而顺境中持续的社会发展、健全的制度安排、和谐的日常生活，为人的社会角色成熟提供了更良性的空间。

好风凭借力，送我上青云。凭借顺境的好风，我们可以展开成长的双翼，在人生的天际飞得更高。顺境比逆境有利于人成才。就像是适宜的土壤气候有利于植物的生长。再加之人工的科学培养，这样的植物一定能长得枝繁叶茂，果实累累。顺境有利于人的成长，但是顺境并不等于就是放纵孩子，让孩子为所欲为。因势利导才是"顺"。让孩子自由地成长，提供必要的帮助，满足正当的需要。我们没有必要让孩子像石头缝里的幼苗曲曲折折地畸形地生长。顺境有利于培养出健康优秀的人才，并缩短人才培养的周期，从而加速我们祖国前进的步伐。

总之，环境是人的发展转化为现实性的社会基础。一方面人的发展决定于环境，另一方面人也不是环境的消极产物，人可以能动地改造环境。从先天与后天的关系看，人的发展决定于后天的环境与教育，夸大素质作用的遗传决定论是错误的。从环境与人的关系看，人的发展决定于环境，人又能改造环境，否认人的能动性"环境宿命论"也是错误的。现在我们需要做的就是无论在顺境中还是在逆境中，只要保持一颗平常心就可以把生活过得很好。学会逆来顺受才是以不变应万变之良策。

（三） 父母的影响

1. 性格与素质

每个孩子的性格都受到遗传和环境的影响，但后天的家庭环境的潜移默化的作用，将会最终影响孩子性格的形成。也就是说，原生家庭中父母的性格是孩子性格形成的核心因素，若是父母亲都很开朗活泼，那么孩子就不会特别内向胆小。但是孩子性格的总体发展情况，还是主要受到后天父母对其的影响。

举一个最简单的例子，孩子心爱的玩具不小心弄坏了，性格开朗的父母会说："哦，没关系，我们尝试修修，实在修不好，等到儿童节再买一个新的吧，你又可以多个新玩具哦！"这时父母表达的意图是——坏了可以修理，若实在无法修理，买个新玩具。试想，有个新玩具的喜悦已替代了旧玩具坏掉的伤心。让孩子在面对现实的状况中去解决问题，同时还可以调整自己的情绪，把"坏事变成好事"，这实际上也是一种积极的生活态度。如果在弄坏玩具时，父母采取训斥的方式，绝对会起到强大的反作用力。孩子的逆反心理也会滋生。

随着孩子慢慢地成长，在社会生活中接触范围的扩大，他的性格逐渐趋向社会性，受环境的影响逐渐加深。在现实中，绝大多数人的性格为混合型，性格再开朗的孩子也有内向的时候，而较早的孩子在处理事情时也会表现出冷静的一面。在孩子性格形成的过程中，作为父母对他们的影响是非常重要的，所以如果你希望你的孩子乐观开朗，那么你就要用你的行为和方式去施加影响。但不管怎样，我们还是要尊重遗传的性格特点，所以不要强行调整，要在接纳的基础上相互影响。即使孩子是你不喜欢的内向型，也要去积极发现和感受这种性格中的优势，因为任何一种性格都是各有利弊，没有绝对的好坏之分的。

心理学家发现，家庭教育在儿童的人格成长方面扮演着举足轻重的角色。家庭，特别是父母的教育风格对孩子的性格有着重要影响。

性格究竟是怎样形成的呢？是受父母性格的影响。因为从孩子来到人世后，首先接触的就是父母和家庭环境。一般来说，从出生到学龄前这个阶段，孩子和父母接触的时间比较多，他们对父母的行为耳濡目染。父母不仅是孩子的长者，也是他们在实际生活中模仿的榜样。父母的行为举止、谈吐音容都会给孩子的性格发展打下深深的烙印。前苏联教育家马卡连柯曾告诫父母们："你们怎样穿戴，怎样同别人谈话，怎样谈论别人，怎样欢乐和发愁，怎样对待朋友或敌人，怎样笑，怎样读报等等，这一切的一切对儿童都有着重要的意义。"同样，这一切对儿童的性格发展也有着重要的意义。常言道，孩子是父母的影子。母亲爱打扮，虚荣心较强，女儿也往往喜欢打扮，虚荣心也较强；父亲不拘小节，谈吐粗鲁，儿子也往往油嘴滑舌，口出脏话。因此要从小培养儿童的优良性格，父母首先要以身作则，要以自己良好的个性、情操去感染孩子、影响孩子。而对于自己不良的性格要善于控制和纠正，千万不要让孩子从自己的坏脾气和坏习惯中受到感染。如果有的父母动不动就发脾气，甚至吵架，那么孩子的性格就会变得急躁、易怒。如果家长在困难面前常显得胆小怯懦，那么孩子就不易形成坚强的性格。有的心理工作者经过调查，还发现父母对孩子的管教态度和教育方法不同，也会直接影响孩子的性格特征和心理品格。例如：父母对孩子过分地照顾和保护，不放手让孩子去独立活动，孩子的性格多半消极，依赖缺乏独立性和忍耐力，不适应集体生活，遇事胆小，优柔寡断。父母对孩子缺乏抚爱，对孩子冷淡，置之不理，孩子的性格会变得冷淡，缺乏热情，甚至形成压抑，怪癖的性格。父母对孩子过于迁就，过于溺爱，孩子的性格特征大多表现为骄傲、放肆、任性、懒惰，有时表现为自私，不关心别人。父母对孩子管教过分严厉，孩子一般缺乏自尊心和自信心，性格容易变态，甚至还会形成当面一套，背后一套的虚伪性格。父母对孩子采取教而不娇，严格而又民主的态度，孩子的性格特征大多表现为热情、直率、活泼、独立、大胆、自信，既不屈服权威，又尊重别人。家庭环境是熏陶孩子性格特征的熔炉，良好的性格特征，要靠父母熏陶和培养。

2．教育方式与方法

父母抚育孩子的方式会影响孩子成年以后的人际模式，所以父母一定要非常注意自己的教育方式、方法。下面我们来看看创新工场董事长李开复在主题为"父母对孩子一生的影响"的一次演讲中向父母提出的几点建议：

"第一个建议是对孩子的长大要多称赞、少批评，多鼓励、少惩罚。

"我给我大女儿的那封信里，从她的出生，到大学，一直到她在课外活动的表现，小时候乖巧的表现，初生时父女的感情，我没有保留地将其描述出来。我觉得这就是感情的交流、正面的回馈，给孩子一种感情、一种认可、一种鼓励的做法，这才是让孩子长大的时候需要的一种父母亲应有的态度。但是我也知道很多父母亲，我自己过去也忍不住用惩罚、批评甚至威胁、恐吓的方式教导孩子。

　　"但是我们退一步想一想，如果是在一个恐吓的环境中长大的孩子，他会成为什么样的人呢？如果一个孩子每天被批评，他长大了可能就潜移默化地认为我们交流不满意就会批评。他可能就会变成很霸道的人，如果他做得不好就要惩罚，或者被威胁，比如说你不可以哭，再哭我就惩罚你了。在这样的恐惧之下的孩子，为了怕失去父母的爱，非常可怜地怕被处罚，他只有压抑掩藏自己的恐惧，自我否定自己的情感，也许这样的管教之下，你可以管出来一个非常听话的孩子，但是很遗憾，他可能也会缺乏自信，他可能也会自觉有罪，他可能也觉得别人无法体谅他的情绪，他也无法体谅他人的情绪，是这样一个非常负面的环境。因为孩子的长大都是潜移默化地受环境所影响，所以这种批评惩罚之下长大的孩子会有很多情感的缺陷和问题。

　　"而且我觉得如果常常惩罚孩子、批评孩子，会压抑他们的好奇心，会让他们失去自信心，会让他们不敢去尝试新的东西。当然我也不是说永远不惩罚孩子，但是惩罚孩子的时候，你可以惩罚他，尤其是小一点的孩子，对道德方面的问题，或者是责任方面的问题，但是有一点是千万不可以惩罚的，就是失败。因为人成长的过程中，最多的教训就是失败中所得到的，如果从小你就告诉他失败是不好的，他就会开始不承认自己有失败，或者是隐藏自己的失败，甚至会做出不诚信的行为，而且他不会从失败中检讨、成长，所以最好不要惩罚，尤其不要惩罚失败。

　　"相对来说，我们应该给他更多的鼓励和肯定。我 11 岁刚到美国的时候，不会讲英文，几乎是没有任何值得夸奖的孩子，但是美国的教育环境就是非常鼓励你的优点，而不去批评你的缺点。我非常清晰地记得，我进入学校的时候，校长就牺牲了自己午餐的时间来教我英语，我也非常清晰地记得，当有一次老师说1/7是多少的时候，我虽然英文不好，但是我很快地答出这个答案，老师说你数学真好，同学也说你数学真好，你是数学天才。

"我虽然不是数学天才，但是在这样的鼓励下，我几乎认为自己是数学天才，而且对数学产生了浓厚的兴趣。在美国有一个研究报告告诉我们，针对18个学生的实验，在很多课堂里有18个学生，每个课堂里随机挑一个学生出来，然后针对性地去鼓励这个孩子，告诉他说你是最有发展前途的，你是最有光明的未来的，常常给他最多正面的评价，然后多年以后，他们再衡量，发现这18个里面那一个最多被夸奖的孩子，最后平均起来，真的比其他的孩子更容易成功。这个孩子是随机挑选出来的，并不见得是真正的优秀。这告诉我们人需要有正面的回馈，才会刺激他学习的欲望。所以对孩子来说，我们要鼓励他，无论是像1/7的回答正确，还是这18个孩子随机被调出来的夸奖，我们都会看到鼓励的作用。

"如果读得不好怎么办呢？当时我记得我的数学很好，但是我的美国历史很糟，我记得老师当时没有打击我，也没有惩罚我，反而告诉我，你可以回家去做你的历史考试，我让你翻字典，让你用3个小时、5个小时来做别人用1个小时的考试，因为你英文不好，但是我相信你不会去偷看书。这句话对我是一种鼓励。老师给我一切的机会，没有批评我，打击我，我一定要把这个做好，反而加强了我要读好这个课的希望，而且也培养了责任感。因为老师这么信任我，知道我不会打开课本，所以我不会辜负他的希望。他同时给我学习的勇气，也让我有责任感，还让我有了荣誉感。所以我觉得这样一种正面的教育才能够真正帮助孩子。

"我记得我教我小女儿的时候，有一段时间在学校有些孩子对她不好，欺负她这也不行，那也不行，她失去了自信。当时我怎么鼓励她的呢？言语的鼓励是不够的，朋友都告诉她，她写得东西都很糟。我说你写点东西吧，7岁的她说要写本自传，她说自传很厚，我不会打。我说我帮你打。于是她拿厚厚的纸，一张、两张地编给我，我就当她的打字员。当自传写完了以后，她非常兴奋地给她同学看，谁说我写得不好，你们谁还能写这么厚啊。当然还有同学说你7岁写什么自传啊，她说我7岁当然要写自传，我70岁再写哪还记得我7岁做过什么。所以这就是一个例子，从一个被别人说写作不好，一直到要写自传的成长过程。

"第二就是多信任、多放权，少严管、少施压。

"在非常严厉的管理之下长大的孩子，他没有办法独立，父母亲告诉他说，你一定要做一二三四，早上起来把你所有的事情都策划好了，你要做好所有的事情才能吃饭睡觉。这样的孩子也许会听话，但是他失去了管理时间、管理自己的能力，他可能没有办法独立。他一进了大学，没有人帮他策划，他就迷失了，他就无法判断一天的时间应该怎么花，所以这样的严管是适得其反的。而且施压，如果你每天给他很大的压力，孩子在读书、高考种种压力之下，如果再施压，他真的可能会爆炸，会受不了，而且他会非常忧虑，如果我做不到，父母亲不满意怎么办。这些都是一些值得深思的地方。当然我并不是说从小就要完全放权，孩子应该逐渐随着他们的长大，我们逐渐放权。三五岁的时候我们会告诉他们怎么做，七八岁的时候给他们一些授权，读了大学以后，他们就应该完全做自己的主人，这是一个逐渐放权的过程。我知道很多父母亲还在想我为了他好，才要去管他。我知道你会这样说，但是我给你 4 个理由，不应该太管他而不放权。

"第一，你可能不懂这一代，你并不像你的孩子知道自己要做什么。

"第二，如果你帮他做了太多的决定，反而让他觉得父母做的决定，这不是我的决定，我弃权了，我不必负责任。

"第三，如果你做了太多的管教，可能他自己已经听不到自己的声音，找不到自己的兴趣，不知道自己将成为什么样的人。我常常在大学演讲的时候，学生就举手说，你总告诉我们要追随自己的心理，我不知道自己的心是什么；你总告诉我们要追随自己的兴趣，但是我不知道自己的兴趣是什么。如果太严管，可能就把孩子变成这样的机器。

"第四，如果施压增加太多的压力，让他们受冷落。今天我们知道孩子心理的问题，甚至有自杀的问题，想不开的问题，抑郁症的问题，这些都是在巨大的压力下面造成的，所以父母亲对孩子一定不要太过分地施压，而且应该有解压的责任，我们不但不要施压，而且要解压。如果你去读我给女儿的一封信就会看到我和女儿在里面写的，我知道我的女儿对成绩非常敏感，虽然我们做父母的从来没有告诉她你一定要得几分，但是她总是觉得自己要得好的成绩，也许是周围的中国孩子让她培养成的。她有时候也会不经意地跟我们说，大学这么贵，读这个大学我真的要好好地读出一点成绩。所以我觉得我有必要告诉她，成绩不重要，因为这个孩子已经自己有责任感了，而且有太深的责任感了，有太大的压力了，所以我在这封信里说了一句话，很多学生说他们很喜欢，这句话就是'成绩只是一个很无聊的分数，它是给那些爱慕虚荣的人拿去炫耀的，或者给那些慵懒的人去畏惧的。'这句话可能不适合每一个学生，有些学生还是要培养责任感的，但是我有必要告诉我女儿，我永远不会刻意地看你的成绩，你只要毕业就可以了。我做到这样的地步，才能尽我父亲的责任，帮她解压，而不是增加她的压力。

"今天父母亲往往给孩子非常大的压力。最近我也跟大概三四十位青年人沟通，因为在创新工厂，我们给了三四十个提议。非常惊讶的是，有些说我的父亲说应该怎么样，我的母亲说应该怎么样，有的人说我父母亲觉得我应该跟李开复，有的说我父母亲觉得我应该在上海工作。我说这是你父母亲的决定还是你自己的决定。后来我就很无奈了，我说我来跟你的父母亲沟通一下好了，他说对不起，我的父母亲不会用电子邮件。我就奇怪了，不会用电子邮件的父母亲，居然告诉孩子应该去哪一个互联网公司工作，这不是很奇怪的事吗？但是我还是写了两页的信，给这几位父母亲，也希望他们能够支持他们的孩子做他们想做的事情。

"今天的父母亲为孩子好是对的，而且告诉孩子要做什么，而你对他们做什么还不如他们懂得多，那告诉他们做什么就是害了他们。这封信里我告诉女儿要追随自己的心，选择自己要做的事情。追随自己的兴趣，去尝试很多事情，每一件事情都是一个点，在你人生未来的某一天，你会有机会把这些点连在一起，画成一条优美的曲线，不要想得太周密，我选这门课有没有用，我爱什么就学什么。

"几个月前女儿问我是学日文还是韩文，我跟她说日文韩文都没有用。但是后来我很后悔，后来我告诉她虽然你的父亲说日文韩文都没有用，但是你都可以去选。对我个人成长的过程中，最巨大的一件事情就是我4岁多的时候告诉父母亲我不要读幼儿园，我要读小学。我的父母亲说好，你只要考得上，我就让你学。最后考上了，早读了一年书。这个没有太大意义，但是有意义的是，我不是一个机器，不是父母的附属品，我是一个自己有决策权力的人，我觉得自己是一个人了，是一个自己能做决定的人了，是一个信任的人了。所以在信赖中长大的孩子会相信自己，以后也会相信别人。在放权的环境中长大，他会深具责任感，因为他会感谢，你们信任我，让我做这个决策，我一定会负责任把这个事情做好。你决定让孩子做什么事情，反而适得其反。

"第三个给父母的建议是多授渔、少授鱼，多做、少说。

"这是两个不同的概念，但是是相辅相成的。因为在中国的环境，无论是父母还是老师，往往会犯一个比较大的错误，就是会说教，会告诉孩子这个是真理，这个事情是这样的，你给我背下来。这非常符合中国传统的两三千年前的形式，圣贤讲的话就是要背出来，但是其实 21 世纪已经不是这样的世纪了，21 世纪不是一个黑白的世纪，什么事情都没有绝对的。所以当你教孩子的时候，不要用传道的方法。很小的孩子可以，但是大一点的孩子就不可以。这样的学习之下，孩子不懂，而且这件事也不见得是这么黑白分明的，学了反而不见得是对的，而且孩子也失去了判断，因为没有教他为什么，因为是你叫他学了，不是他想学的。所以传道已经是一个过时的事情。

"那解惑呢，孩子想知道什么，父母亲要知道他，但是仅仅解惑的孩子仅仅记得父母亲帮助他一件事情，但是并没有真正懂得。如果要真正懂得，我给大家的建议是，一定要试着经过互动的学习，让孩子知道没有事情是绝对的，有很多不同的观点可以来看一个问题。说教又会适得其反，你说教之后，孩子只有两种可能，第一种可能是他不认可你，你说的我不同意，他就叛逆了，第二种可能就是，你告诉我，我记得了，我背会了，他就失去的判断力，因为他以后什么都认为你知道真理，但是其实你知道你是不知道的。这样就造成了他失去判断力，又是适得其反。

"要教孩子有思想的能力，就是授渔，教他如何钓鱼，教他如何解决问题。在大学中学习，我总是告诉我的青年同学们，大学中学习最重要的就是当你把所有学科的知识全部忘光的时候，那些剩下来沉淀在你心中的，那才是教育的本质，因为那代表一种学习的能力、思考的能力、从不同观点看问题的能力。这就是我说的互动的学习。

"我给女儿的这封信里曾经提到，当你思考一个问题的时候，要从不同的观点来想它，我鼓励她参加辩论会，参加模拟联合国的游戏，我鼓励她去辩论她不相信的那一方。比如辩论美国应不应该入侵伊拉克，女儿认为当然不应该了，我说等一等，我希望你考虑一下，去参加辩论的时候，去辩论另外一方，说美国为什么应该入侵伊拉克，我不是做道德和真理的判断，我只是说任何一个决定都有两面，有道理去支持它，也有道理去反对它。我希望我女儿多想她不自然地想出来的那一面，这样才能理解事情是有两面的，不见得任何一面是对或者是错。当你面对两面的时候，一方面你会更深刻地思考问题，一方面你会知道事情是没有绝对的，另外你知道对方怎么想，你也会辩论得比较好。也会培养你的同理心，去理解别人怎么想。所以要多想不同的观点，不要告诉孩子每一个事情一定是错的或一定是对的。

"除了这种所谓的批判式思维之外，我觉得同样重要的是以身作则。很多父母亲和孩子说，你今天怎么了，跟朋友打架了，你再打架，我把你打死。但是你有没有想到，你这样不是很可笑吗？你叫他不要再暴力，你自己又暴力地对待他，这样反而适得其反。所以父母亲对孩子的教育，真正凝聚在、沉淀在孩子的心中、脑中的是你是怎么做的，而不是你是怎么说的。那些让孩子守时的自己不守时，那些让孩子讲礼貌的自己不讲礼貌，那些让孩子讲诚信自己不讲诚信，让孩子负责自己不负责，那就是没有做到教育。所以在你想孩子成为什么样的一个人，首先你要做什么样的一个人，要言行一致，要以身作则，因为你的孩子是很聪明的，他随时都在看着你，都在从你的身上学习，如果你只说不练，他会注意到这一点，他会不相信你真的是要他学习你说的那些话。

"在我给女儿的信中我谈到了以诚待人。我谈到多交点朋友，不要要求朋友跟你一样。我也跟他举了自己的例子，我说你看爸爸的几个好朋友，哪一个是跟我一样的人呢，所以不要强求你的朋友是跟你一样嗜好、一样个性的人，只要你真心对他，他真心对你就足够了。但是如果我自己没有做到，我说这句话就没有说服力。

"最后一点，可能更多的是中国长幼有序，父母亲要有一定的威严。

"我的父亲虽然是很好的父亲，他是很爱国的，他是极端诚信的，他是非常负责任的，他从每一个角度都是一个模范父亲，但是他从来不跟孩子打成一片，他还是觉得我是长辈，你是孩子，你开了玩笑我也经常不要笑，我要让你知道长幼有序，对我要尊敬。其实尊敬还是需要的，但是我觉得更重要的是，要成为孩子的朋友。因为在这个时代成长，孩子的心中可能会有很多各种不同的压力，我想你也知道当你孩子面临的问题、面临的困惑、面临的挑战，你不希望他只去咨询他的同学，我相信你还是想要他跟你探讨怎么去解决他的种种困惑。如果你要达到这一点，你一定要得到他的信任，如果他只是觉得我的父亲、母亲是高高在上的长辈，我绝对不能跟他说我爱上了某一个男生，我绝对不能跟他说我跟某一个朋友吵架了。他什么话都不跟你说，慢慢就有了代沟和隔阂，这时候你会说'90后'我搞不懂他们，其实是你没有放下自己的架子，定了很多规矩，只是认为孩子是你的附属品。这个做法在21世纪已经过时了。

　　"我认为在太多的规矩和框架之下成长的孩子会很胆小、害怕、保守，希望什么事都得到你的批准。如果他认为是你的附属品，就认为是自己有主权的、有选择权力的孩子。21世纪这样的人很难发掘他的潜力，很难在优秀的企业或者学校里脱颖而出，所以我相信你并不希望你的孩子成为保守、胆小、被动、听话的孩子。这种孩子也许在三五十年前是很受企业欢迎的，但是今天已经过时了，今天我们希望培养的孩子是快乐、乐观的，是能看到一杯水半满而不是半空的，是能够对父母亲有信任，能彼此倾诉的，能够爱自己也能爱别人的孩子。所以我和孩子在一起，我总告诉自己不要有架子，我的孩子常常觉得我的爸爸比较疯狂没有架子，跟我开玩笑，像一个朋友一样，让我有很多话都跟他说，这是我想做的方向和目的。

　　"我也知道今天的'90后'很多的习惯跟我们已经不一样了，让他们来学我们时代的规矩是很困难的，所以他们不能学我们怎么办呢，我们要学他们的。以前我都是用电子邮件的，但是自从要跟我女儿沟通之后，尤其她上大学之后，我就老是用IM，在IM上，我发现她讲的很多话都是奇奇怪怪的，我知道中国也有一些奇奇怪怪的，美国也有那么一套，因为她在美国读书，总是讲那种像'90后'的网络语言，中国也有类似的这种网络语言。我也学着在 IM 上跟她这样讲，刚开始跟她讲，她觉得好奇怪啊，这么老的人用这种语言跟她讲。但是我前天跟她讲的时候，她说，你还是一个很可爱的爸爸。这就告诉我们，孩子不但愿意，而且非常渴望做我们的朋友，我们也非常需要他们做我们的朋友，因为我们希望得到他们的信任，希望他们心里有问题能够来咨询我们的。"

以上是李开复的 4 个建议。他希望说："希望我的演讲对大家有一些帮助和启发。中国的未来在中国的青年中，而中国的青年都是我们的骨肉、我们的最爱，所以让我们以后能够彼此勉励，把他们培养成他们最好的自己。"

再来为大家分享几个其他父母教育的有效方法和经验：

（1）父母惩罚孩子的八大学问

眼下，随着家庭教育知识的日益普及，"重教轻罚"已成广大家长的共识。在人们的潜意识中，惩罚是打骂的代名词，因而常常在报刊上见到少数家长对孩子罚站、罚跪、罚饿甚至虐待孩子致死的报道，这些家长便是对惩罚缺乏正确的理解和把握。

教育心理学家认为，惩罚的方式多种多样，打骂只是其中的一种，是惩罚的极端性行为。错用、滥用惩罚以致不负责任地对孩子的肉体和心灵施暴，会加重孩子的逆反心理，长此以往就会使惩罚失效，导致最终"管不住孩子"；而适当、适时的科学的惩罚却能对孩子起警戒作用，促使孩子改正错误，从而收到以罚助教、以罚代教的效果。

所以说，惩罚是一门家教艺术。惩罚能否达到预期的效果，关键是看父母能否使用得当。

学问1：惩罚的"量刑"要适当

惩罚孩子的目的自然是为了引起孩子的良性转化，那么惩罚的"量刑"就必须合乎孩子的行为。

惩罚过重容易引起孩子的对抗情绪，太轻了又不足以使孩子引以为戒。因此惩罚孩子要以达到目的为原则，既不能轻描淡写，又不能小题大做滥用"刑罚"。

专家提示

其实，在日常生活中我们都有这样一种经验，对绝大多数孩子来说，父母只需要用自己的言语或行动向孩子表示一点点哪怕是极其微小的不满，孩子都会觉得是对他的错误的惩罚，从而自觉改错。教育心理学认为，惩罚包括间接的和直接的批评。给孩子使个眼色、对他的行动加以限制、没收他的玩具等等都是惩罚的手段与方式。

学问2：指明"出路"不含糊

惩罚孩子不能半途而废，应要求受罚的孩子作出具体的改错反应才能停止。

家长要态度明确，跟孩子讲清楚他应该怎么做、达到什么要求或标准，否则有什么样的后果。如孩子有乱丢东西、不爱整理的习惯，家长在惩罚时就应该让他自己收拾好东西、整理好玩具。家长千万不能含糊其辞甚至让孩子"自己去想"。家长不给"出路"，孩子改错就没有目标，效果就不明显。

专家提示

惩罚之所以能促使孩子改正错误，这是教育心理学中的效果律在起作用。效果律认为：孩子"快乐则接受，痛苦则拒绝"，要使孩子继续或终止某种行为，我们可以通过奖励或惩罚来做到这一点。事实上，有很多事情是不可能通过奖励的办法让孩子满足的，如孩子故意损坏东西、坚持"顶风作案"、乱提不切实际的要求等，这种情况下就必须惩罚。

学问 3：罚了又赏要不得

父母教育孩子要相互配合，态度一致，赏罚分明。

该奖时就要郑重其事甚至煞有介事地奖，让孩子真正体会到受奖的喜悦；该罚时也应态度明确、措施果断，让其真正知道自己错之所在。只有这样，才能培养孩子明辨是非、知错即改的品行。如果在对孩子实施惩罚之后，父母中的一方认为孩子受了委屈，随即又用钱物或食品来安慰他，这将会使惩罚失去作用。

专家提示

诚然，惩罚不是包治百病的灵丹妙药，而且还有一个使用方法的问题。正确使用可以以罚代教。如果使用不当，则会使孩子的坏习惯变本加厉，如有些儿童在感情冲动时会用坚持错误行为来报复惩罚。而惩罚的反复执行要么使孩子产生恐惧父母的神经官能症，要么使孩子破罐破摔，对惩罚"逆来顺受"无所谓，这都是不足取的。

学问 4：及时惩罚莫迟疑

现代教育理论认为，惩罚的效果部分是来自条件反射，而条件反射在有条件刺激和无条件刺激的间隔时间越短则效果越好。

所以家长一旦发现孩子的行为有错，只要情况许可就应立即予以相应的惩罚；如果当时的情境（如有客人在场或正在公共场所）不允许立即作出反应，事后则应及时地创造条件尽可能使孩子回到与原来相似的情境中去，家长和孩子一起回顾和总结当时的言行，使他意识到当时的错误行为，并明确要求他改正。

学问5：劣性转嫁不可有

俗话说："世事不如意者常十之八九"。日常生活中我们总会遇到不顺心的事情。父母在心情不好时很难把握好自己的感情，容易使自己恶劣的情绪转嫁到孩子身上，其后果往往不堪设想。

一来孩子无过受罚，父母小题大做，会使孩子感到有失合理。二来如果此时父母再因不能自制而使惩罚无限制地升级，则往往会激化孩子对父母的反抗情绪。因此，建议父母切勿在醉酒之后或自己心情不佳、情绪低落、脾气暴躁等时候惩罚孩子，以免过激失态，影响自己在孩子心目中的形象和威信。

学问6：讽刺挖苦最忌讳

父母惩罚孩子应力戒讽刺挖苦，更不能自恃"孩子是我生的、是我养的"而随意用恶毒的语言指责谩骂孩子。

实践证明，讽刺挖苦和恶语谩骂已超越了孩子的理智能够接受的范围，将会刺伤孩子的自尊心。因此，做父母的应该牢记自己惩罚孩子的目的是帮助孩子改正错误，决不是为了图一时嘴巴痛快而去刺激孩子心灵中最敏感的角落——自尊心。

有些家长在惩罚孩子语言不文明、满口脏话时，自己也"出口成脏"，这就使得教训效果大打折扣，甚至失去说服力。

学问7：事后说理不可无

家长和孩子之间存在着教与被教的关系，但教育孩子仍当以理服人。惩罚只是手段而不是目的，因此，惩罚之后必须要及时与孩子说理，否则，孩子在忍受了惩罚之后还将会依然如故。所以，家长在罚了孩子以后要通过说理、剖析的方式使孩子明白他为什么会受罚、知道犯错误的原因，讲清楚如果坚持犯下去将有什么后果。因此，让孩子明白自己受罚的原因才是根除错误的关键，说理是惩罚孩子之后不可或缺的一个重要步骤。

学问8：点到为止莫唠叨

有些家长教训孩子喜欢没完没了，而且还时不时地喝问孩子"我的话你听见了没有？"孩子慑于家长的威严，为了免受皮肉之苦，只能别无选择地说"听见了"，其实他可能什么都没听进去或者根本就没听。

孩子之所以说知道了，只是顺着家长的意思，为了早点结束训斥。于是，当孩子下次再犯同样的错误时，家长便感"痛心疾首"，随即说孩子"不把我的话当回事"，说孩子"不听话"。其实这并非孩子不听话，而是父母的唠叨太多了，让孩子分不清主次，不知道听哪一句为好；再者，经常性的唠叨多了，也会导致孩子耳朵"失聪"，使教训失去效果。因此，家长在教育孩子时务必改掉爱唠叨的毛病，凡事点到为止，然后观察孩子的反应再采取适当的应对措施。

（2）父母是孩子最重要的性启蒙教育者

倘若你仔细观察，现实生活中许多人的钟情对象或相似于父或母，或在年龄、相貌，或在气质、风度，或在习惯、爱好等某一方面具有父或母的特点。这是为什么呢？可以说，人类确定性对象源于恋父或恋母情结，性爱偶像的雏形就是父母。儿恋母，以后爱与母亲相似的女性；女恋父，以后恋与父相似的同龄男性。若最初的"爱之图"相反，儿恋父，以后就会爱与父相似的同龄者——男同性恋；女恋母，以后恋与母相似的同龄者，发展为女同性恋。

可以说父母双性别的影响力对孩子性别发育起举足轻重的作

用。研究证明，儿童的性别认识在 4 岁前就已成定势，4 岁以后再想改变孩子的性别认识已经十分困难。孩子一生下来，接受主要是父母提供的直观形象影响，男孩天生就欣赏父亲那有力的臂膀，宏钟般的嗓音；女孩更羡慕妈妈温暖的怀抱和女性风韵气质。倘若父亲是典型的男性，母亲是标准的女性，为孩子提供典型的男性信息和女性信息，男孩就会努力学习男性行为，女孩会学习女性行为。

但是，如果孩子生活在一个"妻管严"式的家庭，父亲是冷淡而被动的男人，他在妻子面前所表现的是使她看不起的角色，或者是母亲具有男性化特点，家庭是阴盛阳衰型，会扰乱孩子认同偶像的确立。如男孩子学习父亲的过程中，母亲十分强暴，常训斥丈夫，使孩子深感父亲的屈辱和对母亲的畏惧，会使他产生害怕女性的心理。

心理学家对缺乏父爱家庭的调查，包括单亲抚养、海员家庭以及父子长期分居两地的家庭，孩子们的发育都存在一些问题。他们中胆小、易受惊吓、烦躁不安、哭闹不宁、多愁善感、不活泼，甚至精神抑郁等症状较多发生。有学者干脆把因为父亲影响少而出现的症状群简称为"父爱缺乏综合征"。

缺乏父爱对男孩影响会更显著。当男孩意识到男女性别差异时，就已经开始模仿父亲了。他始终把父亲作为崇拜者，父亲的一举一动，父亲对母亲的爱等等，都影响男孩是否成长为一个男子汉。父亲如何对待家庭甚至可决定孩子将来如何对待生活。对女孩来说，父爱不仅比母爱更重要，而且父亲几乎代表了整个异性，对父亲的看法可能影响她对异性的态度，影响她的一生生活。试想，如果父亲每天拖着疲惫不堪的身子心情抑郁地下班回家，到了家就诅咒自己的工作，骂骂咧咧，拿出工资时也很不情愿,好像他对家庭就没有责任。这样的父亲形象,孩子会怎么看,又会怎么想呢?

家庭关系在很大程度上反映了两性关系,父母之间若经常处于矛盾和争吵之中,不仅会影响孩子的心理发育和个性发展,也会使孩子对爱恋的偶像处于无所适从状态。

同样,父母对孩子经常打骂、虐待或放纵,也会具有同样效果。父母长期分离;离异或一方死亡,造成孩子早期认同或性爱偶像的缺损,若不能及时予以补充,则也会影响到性别的健康发育;儿童长时间生长在一个缺少同龄玩伴的环境中,也会不得不与成年或老年人为伍。

(3) 有关父母与孩子之间交流的意义

家庭中的代际交流

有些学者认为,在有兄弟姐妹的孩子中,孩子处于3种相互关系中,即与父母的纵向关系,与同龄伙伴的横向关系,以及与兄弟姐妹的斜向关系,这种斜向关系是孩子走向和同龄伙伴交往的横向关系的桥梁。但是独生子女由于没有"斜"向关系,从而进入自觉的"横"向交往关系也比较困难。

孩子们必须面对成人世界,在成人世界中寻求成人的理解有时非常困难,这会使孩子们感到很烦恼。特别是父母无法与孩子进行交流更加强化了这种烦恼。所以,独生子女走进成人世界所遇到的烦恼表现为两种情况,一种是被剥夺了自己的儿童世界,不得不进入成人世界,因无法理解成人世界的规则而产生的烦恼。另一种是被成人世界排斥,不被成人社会接受而产生的烦恼。所有的这一切,当然应该通过为他们创设"伙伴环境",鼓励孩子与周围小朋友交往等途径来解决；家庭两代人之间的交往关系的改善，对孩子形成健康人格也有着积极的意义。

家庭交流的意义

我们认为父母与孩子之间的交流对孩子的成长有如下 3 个方面的意义：

（1）父母与孩子的交流能够影响儿童智力和人格的发展。美国心理学家布鲁姆曾对 1000 名儿童进行过追踪研究，结论是如果把一个人 17 岁时达到的智力看作 100%，那么有 50% 左右是在 4 岁前完成的，30% 左右是在 4～8 岁时完成的，20% 左右是在 8～17 岁时完成的。从这项研究中我们可以发现两个问题：一是人的智力发展主要是在儿童期完成的；二是儿童期智力发展的主要环境是家庭环境，包括家庭的物质环境和精神环境，其中亲子之间的交流状况是家庭精神环境的一个重要侧面。

研究表明，家庭中父母与子女的交流具有聚合性特点，也就是说，与学校中师生之间发散型交流不同，在家庭中，多个家庭成员共同地和一个孩子交流。父母与子女有更多直接的面对面的交流机会，无论是交流的内容还是交流的时间都要多于学校中教师和学生之间的交流。这一特点决定了家庭对儿童早期智力发展和人格发展具有重大的影响作用。

社会学家伯恩斯坦的研究也证实了这一点。他的研究表明，在不同阶层的家庭，由于父母所用的语言内容和质量的不同，直接影响儿童个性品质的发展。在文化水平较低的家庭中，由于父母使用语言的不准确、词汇贫乏，甚至经常用一些粗鲁的语言，往往使儿童智力发展迟缓，形成多种不良的个性品质。

（2）父母与孩子之间的交流有助于父母全面了解自己的孩

子，根据孩子的特点来培养孩子。孩子渴望与父母交流，他们常常会在与父母的闲谈中道出自己在学校中的各种经历。如果父母能静下心来倾听孩子的诉说，就会对孩子的个性、交友和处事有个清晰的了解，在教育和辅导孩子时就比较容易，而且也有效得多了。

台湾著名女作家罗兰在回忆自己的童年时就有这方面的感受。她在一篇文章中写道："我曾做过笨学生，那是在小学 6 年级的时候。我的算术不好，直到现在，我还记得老师给我们讲鸡兔同笼和童子分桃等问题时，我是怎样的听不懂。而且老师越是单独给我讲，我越是听不懂。我也不知道为什么我听不懂……我很感谢我的父亲，当我拿着算术 48 分成绩单回来见他的时候，他说：'你理解力不行，但记忆力很好，现在不要忙，等你长大一点，理解力会慢慢成熟的。'后来，事实证明，到了高中，我的几何代数就都不成问题了。"

正是由于父亲与女儿在交流中多了一分理解和肯定，帮助罗兰摆脱了学业失败的困扰，使罗兰度过了一个幸福的童年。

（3）父母与孩子之间的交流有助于加强两代人之间的相互理解，满足儿童的情感需要，促进儿童的生理和心理健康。如果儿童在生命之初，能够感受到家庭成员相亲相爱，体验到家庭生活的温馨，他就会产生一种与人交往的信任感和安全感。这种早期的生活体验对他一生的发展有积极的意义。

孩子愿意与父母交谈吗

调查结果显示，40%以上的独生子女"非常愿意"与父母交谈，其中20.1%的独生子女与母亲天天交谈，与父亲天天交谈的为15.1%。通过这些数据，可以看出，第一，将近一半的独生子女"非常愿意"与父母交谈，加上"比较愿意"交谈的独生子女人数，达80%左右。但是，能够与父母"天天交谈"的百分比分别只有15%和20%，加上"经常交谈"的，也不过60%左右。所以我们说，独生子女与父母的交流不够充分。第二，与父亲谈话的意愿低于母亲，与父亲谈话的频次也低于母亲。

孩子与父母谈些什么

在研究中，我们设计了10道题目，分别代表10个方面的交流内容。统计显示：

（1）在母亲与独生子女的交流中，围绕学习和学校生活方面的内容最多（肯定性回答各占80．7%和74．9%）；其次是关于独生子女的伙伴关系、独生子女发展前途方面的内容（肯定性回答各占53．9%和51．5%）；再次是"让我高兴和烦恼的事"与"家里的事"。最后的4项内容依次是娱乐、如何做个好孩子、文艺体育新闻和国际国内时政新闻。

（2）在父亲与孩子的交流中，围绕学习和学校生活方面的内容也是最多的（肯定性回答各占75%和52．4%）；其次是独生子女的发展前途问题和文艺体育方面的内容（肯定性回答各占47．9%和38．7%）；再次是国际国内新闻以及伙伴关系。最后的4项内容依次是"让我高兴和烦恼的事"、"家里的事"、娱乐和如何做个好孩子。

从以上数据可以看出：①父亲和母亲与孩子谈话的重要主题是一致的，都是关于学习和学校生活方面的内容，但是孩子和母亲在这两方面的交流多于父亲。②孩子更愿意和母亲谈自己的伙伴关系，和父亲交流自己的前途。③孩子和母亲谈自己的事情或家里的事情更多一些。

交流与自我接纳

我们就家庭交流状况和独生子女自我接纳进行了统计分析，其统计结果表明：

（1）在自我接纳高分组中，家庭交流程度高的人数占22.4%；家庭交流程度低的人数只占66%。

（2）在自我接纳低分组中，家庭交流程度高的人数最少，占32.2%；家庭交流程度低的人数最多，为70.8%。

这个统计结果说明，在家庭生活中，父母与子女交流程度越高，其子女的自我接纳程度也越高。亲子之间的交流，有利于独生子女的自我接纳这一积极人格特征的形成。

给父母的建议：

◎给孩子提供帮助先要了解孩子，了解孩子从学会倾听开始。

◎心灵是一间有窗户的房子，交流可以让新鲜空气进来，给心灵注入阳光，给心灵以温暖和呵护。

◎让孩子知道你很在意他的话语，每天晚间一刻钟的亲子交流很重要，当孩子给你讲他在学校的生活时，要表现出倾听的热情。交流是一种分享，包括分享幸福与分担痛苦。

（4）**怎样教育孩子学习**

"工欲善其事，必先利其器"。好的方法等于成功了一半。家长有时候让孩子好好学习的方法根本就不对，或者根本就没有。家长经常的做法是，第一，恫吓。"你要不好好学习，你长大以后就掏大粪扫大街，你没前途。"这话一点用没有。第二，机械监督。只要孩子在屋里，甭管他写什么，家长就放心了。你过去看看，他写呢；你走了，他看别的书，要不就听音乐。等你一进来，他又在那儿写。很多家长犯这毛病，最后造成什么呢？这孩子不但学习没上去，还养成了拖拉习惯，每天作业要写3小时。再比如吃饭教训孩子，拿孩子跟邻居的孩子比，总说：你看人家孩子怎么怎么了。我告诉你，其实这些方法一概没用。

我觉得我们首先就得明确孩子良好的学习状况来自何方。孩子学习好，状态不错，主要原因是什么？我认为，一般情况下是3个原因：

第一个原因，学习动机。这是孩子学习的根本动力。

对于孩子来讲，所谓动机就是需要，需要就是欲望。小孩学习来源于什么？来源于两个愿望，第一是求知愿望。今天老师讲的课很有趣，人原来是从水里来的，爬上岸，变成你和哺乳动物了。这孩子就想知道，他上课就认真听讲。第二是欲望。什么欲望呢？成功欲望。今天老师课上表扬他了，或者他考试考班里第一，他还继续努力，下回他还争取考第一。孩子要努力学习，一个很重要的欲望就是成功的欲望，他受到表扬，他获得成功，他就高兴。从内在动力来讲，这是孩子学习的最本质的动力，别的都不管用。说你考第一，我怎么着，我给你点吃的，那都不能解决他根本的动力，学习动机特别重要。

第二个原因，学习成绩要好，最根本的就是要有良好的学习习惯。

小学、中学的教学内容没有什么太难的，实际上孩子们的智力都是差不多的，你说"我这女儿笨"，那是瞎说。学习成绩的好坏最关键的是看学习习惯，比如注意力、严谨的学习态度、紧张度、认真的精神，这些都直接关系到孩子学习成绩的好坏。

现在有些孩子成绩不好，上课他就没听，坐那儿玩，老师说什么都不知道。他不注意听，回家付出双倍的劳动都不行，而且他养成了坏毛病：他从来不认真听，他以后也不能迫使自己认真地做事。

第三原因，良好的身心状态。

比如说他没有太大的压力，比如说他跟同学关系不错，等等。孩子因为小，他的情绪经常会受到一些影响，如果他的身心状况不错，那么他的学习状态就特别好。

孩子上课不想听、不爱听，他就是没兴趣，这个没兴趣可能是多方面原因造成的，有的可能是老师的问题，有的可能是同学的问题，但是有一个不争的事实：你没兴趣，肯定你学习的效果就差远了。很难要求每一个学生对基础课都感兴趣，但是只要把兴趣和成功的强烈需求结合起来，它就能够互长。他如果没兴趣，但是他知道这个很重要，听完这个就考第一，那么在成功强烈的需求下，这两者就互相推动互相影响，就会起到很好的推动作用。

家长怎么辅导孩子学习呢？我认为家长只能做 4 方面的事，其他都没有用，骂孩子没用。

第一方面，提供合适的学习环境。

有的人天天带孩子去办公室，大人们在办公室里胡说八道，这个孩子就学不好。还有的家长让孩子在屋里做作业，她自己在那里看电视，还咯咯地乐，孩子一会儿出来了，她就说："回去，做作业去。"孩子想：我妈看什么呢？她乐什么呢？这最大的毛病是会养成孩子不能专心学习的习惯，这对他以后影响巨大。但不是说为了孩子你就半年不看电视，你可能需的是认真地训练孩子集中精力的习惯。话要跟他说清楚，有的时候在训练的最早期，你就得牺牲一些。你认为非常有意思的电视，等孩子做完作业睡觉你再看，这是可以的。通过你的训练，让孩子逐渐能明确：我要尊重父母的娱乐需求，他们有他们的需求，我有我自己的。但是让孩子小的时候形成这样一种观念是很难的，那么双方就可能需要互相妥协，慢慢形成这样的状态。你如果不注意，整天让孩子做作业，自己在那儿看电视，这对孩子内在学习品质的影响非常大。

什么是好的学习环境呢？我认为应该满足这 5 个条件：

第一个条件，光线充足，空气流通。这很简单，但是很重要，城市里很多家庭能达到，但是都不注意，不开窗户，屋子黑糊糊的。

第二个条件，安静，没有骚扰。你在外面看电视乐，那就是骚扰。有的爸爸从回家进屋就在电脑上斗地主，不下线，玩得高兴。孩子心里就想：你凭什么老坐那儿玩。所以这个没有骚扰，包括精神方面的，包括物质方面的的，包括很多方面。

第三个条件，有符合孩子年龄特征的合适的桌椅板凳。这是最基础的要求，保证了孩子身心的健康。

第四个条件，备有足够的文具用品。这个"备"不完全是家长备的，比如孩子坐那儿做作业，他就进入一种状态。孩子要对这种状态作好充分的准备，这对孩子影响特别大。

第五个条件，有放置个人学习物品的地方。孩子自己可以很整齐地放自己的学习物品，自己收拾。

第二方面，促进孩子身心健康的发展。

家长要让孩子保持很好的身心状态，这是学习的前提。那么家长应该怎么做呢，有 5 个具体方法：

第一个方法，不给孩子过分的精神压力。切忌说："你回去复习功课，这回考试你要再考上次那样的成绩，你等着，你小心，等你爸出差回来，我告状，你看着。"经常妈妈管不了孩子，就说这话，这就叫过分的精神压力。或者说："你今年期末要考不到多少分，你等着，压岁钱我一分都不给你；你奶奶给你的，我也都得没收。"这么说根本不管用，而且还无端地给孩子增加了压力。

第二个方法，保证孩子适当的休息和充足的睡眠。那个晚上12 点才睡觉，也做不完作业，第二天早上 5 点就起床做作业的孩子，他不可能有好的精神状态。

第三个方法，孩子每周一定要有固定的文体活动时间来舒展身心。要把这个作为制度，作为你们家的制度定下来。每周由父亲或者母亲带着孩子，比如到公园跑一次步，或者跟父亲在院子里踢球，放松心情。

第四个方法，在学习辅导中启发孩子自觉学习，不急躁，不替代。有的家长一着急就说："笨死了，你都笨成什么样了，你看你。"这实际上真不管用，所以要不急躁，不替代。

第五个方法，用一切办法保证孩子在学习当中的轻松情绪。让他在学习过程中，保持一种轻松状态，这有助于调动他的积极性。孩子只有精神健康、身心健康，他才能好好读书。

第三方面，激发培养孩子积极的学习动机。

你得让孩子自己去学。怎么激发呢？我介绍 8 条建议：

第一条建议，不断表扬孩子在学习上的进步。哪怕这个进步特别微小，比如上回他考倒数第三，这次他考倒数第四，这也是进步，这也得表扬。再比如上次他考 60 分，这回也考 60 分，但这一次他因为马虎扣的分比上回少 3 分，这也是进步，也要表扬。这对孩子来讲太重要了，鼓励孩子要具体，这样他才能有学习的积极性。

第二条建议，与孩子订立短期的、孩子有能力达到的目标。家长不要动不动就说：这学期咱们努力，原来你考第 20 名，这回咱争取考前五名，进前五名咱们就怎么着。这话没用。为什么？因为，第一，孩子的努力时间太长，孩子没那么大长性。第二，考不考前五名还取决于别人，这不是他能够做到的。所以要订短期的、孩子有能力达到的目标。

比如孩子马虎，你就可以给他定一个目标，先以一周为限，两个人签一个协议：这一周如果你的作业没有因为马虎出现错误，那么你本来每周上网两小时，现在多给你半小时。其实孩子的思维很简单，他为了这半小时，一定就尽量不马虎了，这回他就不错了。这样训练一周，再一周，有三周的时间，他马虎的毛病就能改掉。

再比如孩子拖拉，一做作业就做 3 小时，你就跟老师沟通一下，看看作业量到底多大。如果老师说不会超过 1 个小时，那你就从 1 个小时训练起。你可以承诺孩子，两周时间内只要他在 1 个小时内完成作业，错误率不能超过多少，你就给他什么奖励。

家长要承诺，孩子做到，家长就要做到。我主张家长和孩子都签上字，贴在孩子屋里一张，贴在父母房里一张，大家都遵守。这实际上就是让孩子主动去改变自己的过程。他能达到，他获得了，他成功了，他快乐了，下回他还努力。你老说他笨蛋，他就真笨给你看，他就笨了。

第三条建议，鼓励孩子，让他有信心去面对困难。少揪"辫子"，多指出路。

第四条建议，帮助孩子分析纠正失误切忌劈头盖脸的责难和挖苦。如果孩子这次考差了，你要做的就是帮助他分析：你哪个地方不对？你的问题出在哪儿？而不要说那些完全没用的挖苦话。我记得小时候，我的班主任教数学，他老诬蔑我，还总挖苦我们班另一个同学，我印象特深。他说："长得倒挺漂亮的，一肚子狗屎。"你想，孩子听了这话，能好好学习吗？挖苦一点用处都没有，你要帮助他分析到底哪里出了问题。

第五条建议，切忌过分挑剔和鄙视孩子的各种表现。所谓鄙视、挑剔，就是贬低人格。很多家长容易犯这毛病，他们的口头禅就是"笨死了你"，这就是贬低人格，这对孩子的伤害很大。

第六条建议，有计划地经常带孩子参观一些博物管、科技管，听一些音乐会，看一些演出。讲历史，讲现实，这会激发孩子对很多问题的兴趣，很多人的成功就在于不经意当中激发了他某一方面的兴趣。

第七条建议，你要有能力具体地直接地帮助孩子解决功课上的困难和问题，但不是替代他做。你要帮助孩子分析清楚他的问题在哪儿，帮助他解决。用这样的方法让孩子情绪振奋，处于一种学习的积极状态，这样才能谈到成绩慢慢变好，才有可能实现真正的学习成绩上的飞跃。否则真的很麻烦，你也觉得累，孩子也觉得累，孩子整天情绪低落，你也着急。我开玩笑：你家里有一个学习成绩好的孩子，你算捞着了。家里要是有个学习成绩不好的孩子，家长就急死了。但是家长使用的方法常常不对，不对就一点用都没有。

第八条建议，培养孩子良好的学习习惯。怎么培养？我介绍3个具体的方法：

第一，跟孩子一起订立做功课和复习的时间表，每天监督孩子完成。要让孩子每天在时间表规定的时间内做完作业、复习好功课，放学后几点到几点干什么，几点到几点复习功课。你可以一月一月地订，如果孩子一个月坚定不移地做到了，那你要适当地奖励孩子，要实现承诺。

第二，用奖惩的方法训练孩子在指定的时间内集中精神完成作业。这个一定要训练，特别是对那些马虎、拖拉、磨磨叽叽做功课的孩子。比如家长跟孩子说："一个月内，你要能做到每天回家做功课的时间在保证质量的前提下不超过 1 个小时，爸爸就带你去看一场足球寒，你觉得可不可以？"孩子如果说："不可以，我不看。"那可以让他提别的要求："我不看，我要买一个好的游戏机。""行。"定下来之后，你看孩子能不能约束自己每天集中 1 小时把作业做完，应该能。这样经过一个月、两个月，你让他做 3 个小时作业，他也不写 3 个小时了。

第三，对于那些不能完成作业的孩子，家长在开始的时候要和老师建立联系制度，每天督促孩子当天完成作业。这段时间家长就咬着牙下功夫，天天督问，天天限制时间。但是同时，你一定让孩子能够得到一些东西来满足他的一些合理要求。你让他提要求，他做到，就实现他的要求，家长要给他一种期望。你如果说："你就得这样，不这样我揍你。"这肯定不管用。

第四方面，培养训练复习、预习的习惯。

这一点很重要，它能够帮助孩子把今天的知识和明天要学的融会贯通。有人说孩子提前知道明天上课要学的东西更不好，其实不是这样。当老师提问的时候，他有可能举手，因为他作准备了，但是他预习的书本的东西和老师讲的会有很大差别。逐渐地，他会用自己复习、预习的状态去对应老师的状态，这会提高他学习的自觉性和主动性。

另外，开始的时候，逐天询问孩子上课学习的内容和重点，这会推动孩子养成理解的习惯。很多孩子说不清楚，比如他听了我的课，回家你问他："今天老师讲什么了？"有的孩子就说："老师就讲点小玩笑。"这是不行的。这就是理解问题，究竟我讲的核心东西是什么呢？家长如果每天跟他进行这样的训练，一段时间以后，就能够帮助他抓住他上课听的核心东西了。这对一个人的思维和能力，包括掌握知识至关重要，但是刚开始，家长得下点工夫，你要天天跟他讨论。

还有就是，用奖惩的方法训练孩子做作业的认真态度。认真做作业是一个重要的学习品质，有的孩子特认真，有的就很马虎随便，那么怎么训练呢？你先别说他对错，就以他不因为马虎犯错为标准，不错就鼓励。

这些都是很具体的方法，但是我个人认为，它对培养孩子的学习习惯，提高孩子的学习能力，甚至改变孩子学习的落后状态，都是有用的。关键是你要深下工夫，把这个工夫下到地方，避免没有用的、强制性的。我相信每个孩子的智力都是没有问题的，只要家长努力，谁都能培养出一个学习好的孩子。

（5）培养孩子的兴趣

作为家长，观念要更新，责任心要加强，方法要得当。家长要尊重孩子成长的规律，切忌按照自己的想法设计出一系列的条条框框，让孩子事事都循规蹈矩，从而失去享受一生中仅有一次的成长快乐的权利。孩子是独一无二的，他应该有属于自己的、与众不同的人生，而绝不可能按照一定的模式和配方生长，我们所能做的就是恪尽父母的天职，在日常生活中不断地去摸索去改进，形成一整套有益于孩子身心健康发展的方法。一定要遵循孩子的兴趣爱好去培养孩子。

有一个男孩，多年了一直是班上的学困生，但是这个孩子一直坚持学习，学习非常刻苦，可是成绩就是上不去。他的自尊心受到极大的打击，男孩的父亲爱莫能助。有一天，父亲在男孩的枕头下发现一沓白纸，上面画着关于老师和同学们的漫画，其中有老师踩到了西瓜皮，同学被马蜂追。父亲看着看着，眼睛突然一亮，把这些画一张一张叠好，用夹子夹整齐。

男孩的成绩仍然很差，学校建议家长将其领回。男孩对父亲说，你是不是对我彻底丧失了信心，决定不管不问了？父亲把男孩带到动物园，来到老虎的笼子前，说，"我们每个人都想做老虎，可是现在这只老虎又能怎样呢？只是一只烂虎。而一只能捉老鼠的猫，却是一只好猫。你天生对文字迟钝，但对图形却敏感，为何放着好猫不当，却当烂虎呢？"

这个男孩后来成了炙手可热的漫画家，他的《双响炮》《涩女郎》等红遍大江南北。他就是朱德庸。

这两则故事中的主人公刚开始就是我们身边的普通人，如果富兰克林没有遇到弗恩；如果朱德庸的父亲在看到那一沓画纸之后，把朱德庸羞辱了一通，将会怎样呢？这就是我们生活中的常态。我们都是普通人，如果我们也遇到了这样的一个人，对我们严格要求过，或者发现了我们身上的闪光点，我们或许也是颇有成就的人。看来已经不能指望过去的时光倒流，可是知道了这些道理，就不能让身边的富兰克林或者朱德庸沉寂起来。

从诸多成功人士的经历中，我们可以了解到，天才之所以为天才，并不是由于他们生来所具有的天赋所致，而是他们在幼年时期创造的兴趣和热情的幼芽没有被抹杀掉，并得到了顺利成长的结果。

这里还有一个很关键的因素是家庭因素。人们都说父母是孩子最好的老师。很多的父母只从孩子的身上看到了他们认为的缺点，却很容易忽略孩子身上所体现出来的父母的举动行为的影子。总打孩子的父母，孩子要么是偏向暴力，要么是心情乖戾和自闭；爱说脏话的父母，孩子很自然地就把说脏话当成他自己的普通话了，很自然地出口成"脏"。所以父母的身教胜于言教，要如春风化雨、润物无声，在潜移默化的熏陶中给孩子以好的影响，做孩子的好老师，不必教学问，光是教做人就足够让孩子受益终生了。

不管遇到什么样的事情，遇到什么样的孩子，方式方法很重要。

3. 一些国家的教育方式

我们可以借鉴国外家庭教育的一些成功经验，结合国内家庭教育的一些不足，取长补短。

英国："给孩子失败的机会"。孩子做某件事失败了，英国人的观念不是索性不让孩子去做或家长干脆包办了，而是再提供一次机会。比如让孩子洗碗将衣袖浸湿了，就指导孩子再来一次，教会他避免失败的方法。而国内的家长从小不让自己的孩子处理自己的事务（笔者也是这样长大的），只让孩子读书读书再读书，如此培养了一些读死书的机器，也让我们的社会制造了"大学生不懂如何洗衣，竟主动申请退学"以及"大学生将衣服寄回家让父母清洗"诸如此类的新闻。

美国："给孩子制订一个家务劳动计划"。美国父母教孩子做家务，每周一次贴出要干的家务劳动内容。将某一特定任务指定某一孩子去干，确定完成任务的期限；轮流干某些活儿，让每个孩子都有机会去做没有兴趣或最容易干的工作；检查孩子的完成情况，使孩子因自己的劳动而产生一种完成任务的成就感。当然，在国内，现在每个家庭只有一个小孩，但也要让独生子女干一些力所能及的活，不是做父母的偷懒，重在培养下一代的"劳动光荣""自己动手"的思想。现在国内城市的小孩大多是在网吧长大，动不动说别人"农民"、"垃圾"，而那双手除了会高强度、长时间的点鼠标和敲键盘外，什么也不会做也不得去做。

加拿大："让孩子学会玩"。在家里孩子们很少有家庭作业，没有父母关于学习的喋喋不休，他们注重的是让孩子能整天轻轻松松，做游戏、玩玩具，在玩中学到书本上学不到的知识。这一点和国内家庭教育是格格不入的，也就是说这在我国大多数家庭中是万万行不通的。前几年还有父母为了学习成绩竟活活棒打亲生儿子致死，当然这是特例。有一小孩才 5 岁，他妈妈老是埋怨老师不管教小孩。他才 5 岁，现在的任务就是玩啊！可他妈妈给他买了很多的幼儿英语，让他看、听；放假了，去学绘画、音乐、幼儿舞蹈，恨不能明天就让他成才，这样能行吗？

德国："让孩子与大人争辩"。德国人以为"两代之间的争辩，对于下一代来说，是走向成人之路的重要一步。"因此，他们鼓励孩子就某件事与父母争辩，自由发表自己的意见。通过争辩使孩子觉得父母讲正义、讲道理，他会打心眼里更加爱你、依赖你、尊重你。你要孩子做的事，他通过争辩弄明白了，会心悦诚服地去做。你有难题，孩子参与争辩，也能启发你。现在大多数家长是把子女当作朋友来交流，父母的绝对权威相对缩小了。笔者要让小孩做什么（有意识地让他做点小事，如关门、倒茶）时，会蹲下来细声细语和他说，他做到了，就教他在别人对他说"谢谢"时，要说"不用谢"。有时他会说"这是爸爸做的事"而不愿做时，我就会试着说服他去做。

日本："让孩子独立自主"。为了增强儿童的生活自理观念，家长有意识地让儿童学会判断是非，做出选择，如去商店购买玩具，家长事先会定出一个金额，让小孩子自行决定买什么；家里准备外出旅游，也会征求一下孩子的看法。日本孩子到了初中后，大部分衣服他们自己能够独立地上街购买，而且会货比三家，精打细算。大多数国内家长会说我们自己还做不好家庭理财这点，更怕商家骗了小孩，所以我们第一次自己自由支配钱财是自己拿到第一个月工资时，这时才开始国外从小就进行了的锻炼，经历他们小时候就体验过的经历。

从以上对比中，我们不难看出我们和这些国家在家庭教育中的差距。一个人的成就大小或孩子学习成绩的优劣，主要依赖两个方面因素：一是聪明才智和学习能力的强弱，即我们称之的智力因素；二是实践中是否具备了正确的动机、浓厚的兴趣、饱满的情绪、坚强的毅力以及良好的个性，即我们称之的非智力因素。对于孩子的智力发展，家长们都很重视，但对于孩子的非智力因素，特别是兴趣与自信的培养，则很容易被忽视。每个人的家庭，不是独立地存在的，它既有普遍性，又具社会性。家庭是多个亲情关系的组合，家庭教育也不单独存在于哪一个人的身上，因而家庭教育的一致性对孩子的健康成长具有积极的作用。如今，我们已经步入了独生子女时代，这一时代是以"长辈包围晚辈"为特征的。在这一社会现象背景上，长辈间的教育冲突时有发生，家庭教育的一致性已成为一个家庭生活和谐幸福的关键问题。

孩子的内心世界很丰富。要了解孩子，只能用心换心，用信任赢得信任。要保护孩子的自尊，培养自信。要通过细心的观察，倾心的交谈，悉心的照顾，耐心的帮助，了解孩子成长的烦恼、心灵的需求。要多跟孩子说说悄悄话，做孩子的心理医生，坚信孩子上进的愿望。我们面对当下孩子的成长环境发生了巨大的变化这一形势，不定期地举办家长学习班，注重从实际出发，从时代出发，从个体出发，让家长学习家庭教育这一方面的国内外最新知识，以最短的时间缩小家长与孩子在观念、情感和行为层次的发展上的差异，了解今天孩子心理的变化，努力提高家长知识素养，更新家教观念；并引导家长做好以下几个方面：

（1）重视家长的榜样作用，和孩子一起成长；

（2）努力创建"学习型家庭"，让孩子以学为乐；

（3）尊重信任孩子，促进孩子主动发展；

（4）注意家庭教育的一致性，引导孩子和谐成长；

（5）强调非智力因素的培养，激发孩子潜能。

让家长和我们一起关注孩子的健康顺利成长，这对提高家庭教育对孩子的正面影响，注重从小培养孩子，正确引导、鼓励，培养孩子做人、做事、成材、成长，引导青少年顺利、健康成长，起到一定的作用。

（四）天才是鼓励出来的

1. 鼓励使人进步

无论在东方还是在西方，人们都把由衷的夸奖和鼓励看作是人类心灵的甘泉。

心理学研究证明，获得别人的肯定和夸奖是人类共同的心理需要。一个人心理需要一旦得到满足，便会成为鼓励他积极上进的原动力。事实也是这样，一个人只要获得信心，心里一高兴、干劲一来，就可以发挥出超乎寻常的能力。反过来说，一个人的努力和成绩不能得到应有的肯定，也就是说，当"报酬"不存在时，就激不起努力的兴趣，也就不可能爆发出超凡的能力。这是人类心理的一面，也是任何人无法改变的。战争年代，许多战士在艰苦的条件下之所以能克服常人所能克服的困难，战胜无数艰难险阻，创造出一个个奇迹，靠的就是上级对他完成任务的信心和鼓励。目前的公司管理者，大都很繁忙，整天都是"来也匆匆，去也匆匆"。他们希望在同一时间里做好更多的事情，可是这些管理者忘记了在同一时间有更重要的事情要他去做，这就是管理好所管理的员工。

人的进步，自我努力固然是第一要素，但外界因素也不可小觑，"鼓励使人进步，打击使人落后"。曾有这样一件事，一名爱说话、好表现的战士每次开班务会都要受到班长批评，原因是他爱多嘴多舌。班长越批他，他越对着干，结果成了一个"刺头兵"。后来换了一个班长，这个班长把他的敢说真话当作优点加以肯定，结果使他看到了希望，在班长的引导下，他工作积极，注意说话方式，年底被评为优秀士兵。实践证明，尽管工作的出发点都是好的，但方法不同，效果则大不相同。

我们可以从企业员工的培养中去谈鼓励。成功的灵丹妙药就是鼓励。如果你始终给事物传递一种良性暗示，它会出现转机，或者变得更加出色；但是，如果你给他传递一种不良暗示，事情往往会真的变得很糟糕，因为不良暗示中包含有对人的贬低、歧视，它会让人消极自卑，乃至一事无成。所以有人说：鼓励与赞美能使白痴变天才，批评与谩骂能使天才变白痴。

美国玫琳凯公司的总裁玫琳凯也认为："赞美是激励下属最有效的方式，也是上下沟通中最有效果的手段，因为每位员工都需要赞美，只要你认真寻找就会发现，许多运用赞美的机会就在你面前。"凡是在玫琳凯公司员工生日的那天，都会收到玫琳凯的一份生日卡和一张祝福卡；每个新到公司的员工，第一个月内都会获得玫琳凯的亲自接见；每一个成绩突出的员工，都会受到玫琳凯的格外礼遇。每次她的真诚赞美都会深得人心，这主要得益于她有效的赞美方法。

在玫琳凯公司，当每个员工取得比上次更优秀的成绩时，就会获得一条缎带作为纪念。公司总部每年举行一次"年度讨论会"，参加的员工都是从公司选拔出来成绩优异的员工代表，在会议中，公司会要求一些代表身穿象征荣誉的红色礼服上台发表演说，介绍他们的成功之道。

玫琳凯公司的做法是很可取的。因为任何公司的效益都是员工积极地工作所产生的结果。如果通过强权、金钱或者个人魅力来维持企业，那么危机将始终存在，爆发只是时间问题。要想使员工主动把工作做好，只有对自己的员工多些肯定、理解与赞美，少些怀疑、批评，他们才会尽心尽责，达成你的预期目标。

同样，如果员工的正确行为得不到上司的及时肯定，那么他在向正确的方向迈出更大的步子之前，会有所顾忌，唯唯诺诺。难怪《一分钟管理》的作者肯·布兰查德会推荐管理者使用"一分钟赞美"，他说："抓住人们恰好做对了事的一刹那，你经常这么做，他们会觉得自己称职，工作有效益，以后他们很可能不断重复这些来博得赞美。"

可见，身为管理者，要想打磨出优秀的员工，不可缺少赞美员工的勇气和信心。明智的管理者，真诚欣赏员工的每一次进步，在赞美的过程中，强化员工的长处，弱化员工的短处，在潜移默化中让员工感知正确的做法。

尽管大多数管理者都知道赞美可以产生积极的力量和强大的信念，但少有管理者知道对员工行为持续赞美的重要性。如果管理者将员工平时的勤恳以及他们取得的成绩视为理所当然，而很少向他们表示赞赏时，他们会从心底里记恨你。身为职场中人，需要得到上司、老总的肯定，这种肯定在他内心深处会成为驱动他更加积极向上的力量之源。

另外，针对员工的缺点和不足，我们也应该尽量采取保护员工自尊心和自信心的态度和方法。我们都知道理发师在给人刮胡子的时候，事先会在对方脸上涂肥皂水，这样在刮的过程中，才不会让人觉得疼痛。这是肥皂水效应。针对员工的缺点，管理者不妨把赞美当作"肥皂水"，这样会更有利于"剃下"员工的缺点和不足。

戴尔·卡耐基说过："当我们想改变别人的时候，为什么不用赞美代替责备呢？纵然部属只有一点点进步，我们也应该赞美他，只有这样才能激励别人，不断地改进自己。"我们不妨谦虚一点，多借鉴一下成功人的经验。

如果领导都用鼓励的办法领导员工，尤其是管理有文化、有知识、有思想的员工，企业的管理水平肯定会上一个台阶。以下是企业里鼓励员工工作的方法：

首先，鼓励员工，要培养员工、提高员工的自信心。一个人的成长、成功，离不开鼓励，鼓励就是给员工机会锻炼及证明自己的能力。在员工每天的工作、生活中，一个温暖的言行、一束期待的目光、一句激励的评语会激发员工的上进心，可能会改变一个员工对工作的态度、对人生的态度。在鼓励的作用下，员工可以认识到自己的潜力，不断发展各种能力，成为生活中的成功者。鼓励还可以唤起员工乐于工作的激情。管理者的鼓励就像一缕春风滋润着员工的心田，又像一架桥梁拉近了管理者与员工的距离。在这种情况下，员工岂有不爱工作、不愿工作之理？

其次，鼓励员工，切忌讽刺挖苦员工。"哀莫大于心死"。管理者用尖刻的语言奚落、讽刺、挖苦员工，表面上员工是在听你的，按你说的去做，但实际上员工只是在敷衍了事，因为他根本体会不到工作的乐趣，工作质量肯定不高。同时，因为奚落、讽刺、挖苦更多的是伤害员工的心灵。长期以往，员工的自尊被摧毁，自信被打击，智慧被扼杀，工作可能干得更不好，最后抱着"死猪不怕开水烫"的态度，对员工、对管理者、对企业的都不利。

再次，鼓励员工，要讲究管理者的个人修养。管理的艺术不在于作指示、下命令，而在于如何激励、唤醒、鼓舞员工为你的工作目标去奋斗。我个人以为，一个只会下命令的领导不是好领导，特别是对执行层的领导来说。

第四，鼓励员工要注重树立管理者的个人威信。鼓励员工，无疑会树立管理者在员工心目中可亲、可敬的形象，觉得管理者是值得信赖的人，这对于促进员工与管理者的沟通，促进工作很有好处。员工也愿意为这样的管理者努力工作。

第五，鼓励员工，要创造良好的企业文化。管理者鼓励员工，可以在公司形成非常好的互助互励的氛围，这无疑是创造学习型组织的基础，同时也能体现企业管理"以人为本"的理念。

鼓励员工并不是说对员工的错误视而不见，譬如员工做某事方法欠妥，那么就不要侧重批评他所犯的错误，而应该在肯定他工作的同时，明确指出他的不足。在肯定的基础上对员工提出批评，员工往往更容易接受。

2. 成长需要鼓励

上文中提到了鼓励在企业当中不可估量的作用，现在我们来看看鼓励在孩子成长过程中的重要作用，以及作为家长应该如何去鼓励孩子。我们先来看看一位高中老师叙述的故事：

教育理论界认为，对学生的教育，要始终以正面教育为主。适时、适地的正面教育，有利于激发学生的创造性和学习潜力。"天才是表扬出来的"，这句话也符合心理学关于暗示激励机制的原理。这个学期我接任一个高一新生班的班主任。在学生小 T 身上，通过一系列的事件，对表扬教育和情感教育有若干的体会。在此将其中过程予以记录，以期同仁和专家学者的进一步指正。

新学期之初，军训的两个星期，又高又瘦又吵的学生小 T 给我留下了深刻的印象，当时我想：看来又来了个调皮捣蛋的学生，需要花好多工夫来管理了。后来我看了小 T 写的个人资料：他对电脑、足球、篮球等有着广泛的兴趣和爱好，初中时担任过团支部书记和副班长，看来倒是个娱乐学习两不误的学生。班里选临时班委，小 T 填写的任职意愿和我想象的差不多：团支部书记。他并且还对未来工作提出了很多计划和设想。看得出，这是一个有着领导才能和活动欲望的学生。我让他如愿以偿。担任团支部书记后的第一个任务是出黑板报。第一期是他自己动手的，任务完成得很漂亮。之后，他从我这里要了同学们的基本资料，用一天时间对每个同学的特长进行分类汇总，在征求了我的意见后，确定了几个宣传小组，负责黑板报的定期编写。这证明我当时没有看错他的领导才能。

但是，开学 3 个多月，逐步地小 T 也暴露出了他的不少缺点。缺点之一是爱迟到，他总是最后到的几个人之一。对此我没有马上批评他，而是在一个周二坐在他的位置上等他，他来了，我装作什么也不知道，他喊我了，我才站起来，什么也没说。第二天，我仍然坐在他的位置上，但是他还是迟到，我说："希望你逃出倒数第五。"周四，他没有迟到。那天我在课堂上表扬了他。周五，他到得比我早了。

缺点之二是学习成绩上不去。我想给他一点压力，就向他提了个要求："期中考你要考到班级前 15 名。"他很自信地告诉我："我要前 5 名！"尽管我知道小 T 对自己的估计有些不够正确，但并没有说破，仍然抱着拭目以待的心情，期待他的成绩能够有所上升。结果，期中考他只得了第 31 名。我什么也没有说。成绩出来以后的一天中午，他跑到我的办公室，哭着说："姜老师你把我的位置换在第一排吧，我再也不说话了。"我知道他很懊悔，也真的开始着急了。但我很坚定地告诉他："学习要自觉，不是要别人看着你，你个子高没有办法坐前面的，相信你有这个自控力！你能做到吗？"他点头答道："能！"我还和他说："你要坚持到底，当你觉得不行的时候咬咬牙挺过去，你也可以告诉我，我随时愿意帮助你！"他回教室了，我相信，他会有改变的。

缺点之三是个性过于张扬。自修课只要有人说话，肯定有他在；手上、身上总是挂些稀奇古怪的饰品，让他拿掉，可是一转身又戴上了；让他去理发，可他偏偏在前面留着直直的一小撮，看上去怪怪的；体育、汽车、娱乐杂志总是摆满了他的课桌，还经常拿出自己的名牌运动鞋到处炫耀；最可气的是体格健壮的他居然还学明星减起了肥，身高 178cm 体重 70kg 的他每天中午只吃一个汉堡，但可乐、饮料从不离手……显然，这些在同学们的心目中会给他造成不良的影响。我开始每天从早到晚注意和记录他的事情，也不时和他谈话，但他似乎总是虚心接受但又坚决不改。有一天，我终于不得不对他说："如果你没有起好带头作用，那你的团支部书记只有让位了，而且我会当众说明理由的，我想你应该不会希望同学们都瞧不起你的吧？"他说让我再给一次机会，我答应了。我认为知错就改就是个好孩子。期中考试过后，按照开学的计划我们该班干部改选了，我收集了所有同学的意见，有相当多的同学对他有不满的地方。我认真考虑了一下，在班会课上，我向同学们说明："开学才两个多月，同学们才有个互相了解。我们的每个班干部工作都很努力，可是因为大家都是刚来高中，很多地方还没有很好地适应，很多方法不是很恰当，我们再给每个同学一个月的时间，从现在开始我们大家都在起跑线上，一切从零开始，我再给大家一个机会，同学们好好努力，给别人一个机会，也给自己一个机会！再过一个月改选大家同意吗？"同学们都同意了，课后我找了他，希望他能够明白老师的用意。他点头了，我相信他能做好。接下来的一段时间，我从各方面进行了解，同学们都觉得小 T 改变很大，我们的班长说："老师，他能做到这样真的不可思议！"我觉得我的判断没有错误，小 T 果然在改变中了。按照现在这个势头下去，接下来正式选举班委时，我想同学们是会把票投给他的。

小 T 的父母是经商的，也许因为事务繁忙疏于教导，才导致了他的一些自以为是的缺陷，但是他的内心的确有着积极向上的欲望。作为老师，我能够做的，就是尽量从正面去激发出这种欲望，使之成为他现实的行动。客观地讲，开学以来的 3 个多月中，小 T 在学习以外的方面，在班里还是很有号召力的。有号召力不是坏事，但是号召力不能成为不爱学习和破坏规则的理由，因此，我需要适当地引导和控制这种号召力，让它成为学生的领导优势和学习动力。在我看来，每一位学生都是一片绿叶，都有吸收阳光的权利和渴望。小 T 是个天才，而这种天才需要被激发和引导到正确的轨道上。

这个故事中的主角小 T，在老师细心观察和鼓励下正在逐渐发生着改变，在不断寻找正确的人生方向。老师给予他的并不多，只是默默地鼓励。在点滴的鼓励中，小 T 同学的潜能也被开发出来。现实生活中这样的孩子有很多，但是有时候作为父母、老师却有可能没有选择适当的教育方式去积极培养，或许用否定、忽略去替代了鼓励，结果可想而知。下面一段文字节选于《天才是鼓励出来的》，我们一起来看看书中是如何进行阐述的。

现代父母虽然多给孩子提供锻炼的机会，但是却习惯了对孩子说"不许……"和"一定要……"并不善于用"试试看"3个字。通常，家长们习惯用命令的口吻，而不是用鼓励的方式来教育孩子。有时非但不鼓励，反而在孩子主动要求做某事的时候一口回绝，并不多加思考，只能说，这种父母的做法非常不明智，把孩子锻炼自己的大好机会白白毁掉了，还严重打击了孩子的积极性。当不会洗碗的孩子总想跃跃欲试时，别对他说："不行！你会打碎碗的！"而是给他一个盆，放上几只碗，让他洗个够；当不会扫地的孩子总来抢你的扫把时，别简单地拒绝："去去去！越帮越忙！"而是给他一个小扫把，让他扫个够，即使他真的把地扫得一团糟，也不必太计较，在赞扬了他"真能干，会帮妈妈扫地了！"之后，再悄悄地把地面收拾干净；孩子要吃辣椒，不用担心他被辣着，尝试一次后他自然会选择以后还要不要吃；孩子去摸菠萝，用不着告诉他上面有刺，只是在他大喊疼痛的时候对他说："真能干，发现了菠萝会刺手。"

孩子第一次做某件事情，难免因为担心失败而有许多犹豫和顾虑，这个时候，是最需要父母给予鼓励的。父母说一句"试试看嘛!"会让他轻松不少。至少让他明白，结果好坏并不是最重要的，重要的是自己努力的过程。那种过于严肃与正式的气氛也可能因这句话而被打破，孩子的紧张心理也能够慢慢消除。

时常给孩子机会做他没有做过的事，他的经验和阅历就会慢慢丰富起来，对自己也逐渐产生了信心。同时也要注意两点：第一，不要苛求结果。你的目的是让孩子通过一次尝试获得经验，锻炼能力，建立自信。结果只是一个形式，最实质的内容还是在这个过程中孩子是否真正受益。所以，在你鼓励孩子的时候，不要强调他一定得成功，那样只能给他更大的压力。第二，不论孩子失败与否，都要对他的勇敢尝试给予赞扬。尽管孩子做得并不好，作为父母，你应该对孩子说："真行，第一次就可以做得这么好! 下次一定可以做得更好! 做父母的，不要吝惜你的称赞。它对于孩子的意义，是让孩子明白他有能力去做自己想做的事。

"试试看" 3 个字暗含了"你能行"、"我相信你"和"失败了也没关系" 3 层意思，孩子是能够从父母的话语和眼神中感觉出来的。这 3 层意思，一是肯定了孩子的能力，二是表示了父母的信任，三是表明了结果并不重要。在这样的暗示下，孩子毫无心理压力，而且兴致被调动起来，在实际操作的时候，也就能真正发挥出自己的水平。经常这样鼓励孩子，孩子也就有了更多的锻炼机会。他在不断的尝试中，建立了自信心，能力不断得到提高，再遇到什么事情，不用父母说，他都会主动去尝试。这是一个很有益的循环。孩子会变得越来越聪明，越来越自信，越来越成熟。

孩子的教育和培养，父母的作用巨大。大多数孩子的智商和能力都是相差不多的，所以还是看父母如何正确引导，想想我们自己还不是一样，在受到朋友鼓励和支持的时候，自己不仅做事情有热情，而且还非常开心。所以孩子的成长离不开父母的鼓励，每个孩子都会经历从不会到会的过程，孩子做得好坏与否已不是最主要的。在生活中，要让孩子有机会尝试、锻炼。我们要相信孩子，在行动中鼓励他们。

每个孩子生活环境的不同，家长的教育方法也有所不同。因此，同龄的孩子在学习能力、生活自理上就会存在差异。看到孩子表现突出，家长会情不自禁地叫好，看到孩子能力偏差时，也不要灰心和指责，而同样要用恰如其分的话语鼓励孩子。

例如：让孩子发碗、发勺或唱歌讲故事时，有时可以用"激将法"。对孩子说："这件事你可能不会。"当孩子反驳说："我会！"家长要顺势说："试试看，好让我相信。"孩子们被激得积极性很高，做事既主动又认真。就连平时能力差的孩子，也高兴地表现自己，能力明显提高得快。

对孩子要耐心，新的技能要教给孩子，教了方法之后要给孩子尝试的机会，对胆小、依赖性强的孩子，要鼓励孩子"试试看"，或用激将法，激发孩子学习的兴趣。

同时，家长要耐下心来，具体指导孩子。在家里，可以陪孩子一起画画，可以和孩子比赛穿衣，还可以一起听故事、弹钢琴。在指导孩子的同时，提高自己的技能，切忌一切包办代替。

3．孩子，错了没关系

要告诉孩子，错了没关系，只有这样，孩子才敢于尝试。

我们想象一下，假如你这个做家长的在工作上出了一点差错，领导对你大发脾气，把你臭骂一顿，你会是什么心情？要是领导并没有过于指责，而是给你机会去改正错误，挽回损失，你又会是什么心情？如果你对此有切身的体会，那么，请不要为难你的孩子，请你也给孩子一次机会，请你学会对孩子说："错了没关系。""孩子，没关系，这只是一件小事，妈妈知道你是无心的。""错了没关系，下次别再犯就行了。"这样简单的话，比任何话语都更能激励孩子。

人的一生，不犯错误是不可能的。古人早就总结出了这个道理。然而，大人们往往用它来安慰自己，而不肯借它来原谅孩子。大人的世界和孩子的世界，也有共通的"法则"，为什么大人们常常偏袒自己，而对孩子那么苛刻呢？这太不公平了吧？

"我早就说过你做不来的，看看，现在吃到苦头了吧？""你为什么老是犯错误？就不能聪明一回吗？"父母们最会这样责骂孩子了。一旦孩子犯错，也不管是什么原因，具体怎么回事，斥责的话就脱口而出。孩子难道就愿意犯错误吗？其实，父母也知道，在生活中，犯错误是件多么平常的事。只是，他们对孩子的要求太高了。基于这样的原因，即使是有把握的事，孩子也不敢去尝试了。

家长们希望自己的孩子做事稳妥，不犯错，可是他们又不能接受孩子通过"试错法"去积累经验、锻炼能力，而是在一边泼冷水，甚至说风凉话，使孩子没有机会获得新的体验。

家长要学会以宽容之心帮助孩子改正错误。

凡事肯定有利也有弊。过分的宽容是不可取的，但是在该宽容的时候，我们决不能过于苛刻。

孩子做错了事，你一句"错了没关系"，会让他心里轻松很多。父母的宽容会让孩子心生感激，他会努力去改正错误来作为对这种宽容的回报。此时，你也是给了他改过并获取成功的勇气。孩子不是木头啊，他懂得感情的回报。

不过，仅仅是一句"错了没关系"还是不够的。宽容也不是无条件、无原则的，它也有个度。在你谅解了孩子的错误时，也不要忘了告诉孩子，他为什么错了，该如何去改正。你必须让孩子明白，做错了事没有关系，但必须了解犯错的原因，并且及时改正。这样，孩子就会在尝试中改正，在鼓励中成长。

也许有的父母担心这种宽容会让孩子无所顾忌而犯更多的错误。其实，一个孩子怎么成长，在很大程度上受着父母的影响。父母在教育孩子的时候，就应该逐渐地告诉孩子哪些事是该做的，哪些是不能做的。而不是等孩子犯了错再来告诉他是非。如果你的孩子在宽容之下犯了更多的错误，那就要问问自己是不是教育不当。

还要注意，孩子的好奇心永远都是难以捉摸的，有时，他得不到父母的允许，会自己偷偷地去做想做的事，这比在父母的指导下去尝试更危险。

你希望你的孩子最后成为一个什么事都不敢做，甚至畏首畏尾的人吗？如果不，那么就别吝啬你的鼓励和赏识。

教育理论上，有一种赏识教育。父母可以把它运用到日常生活中来。这样的话应该经常说：

"孩子，你能行的，妈妈相信你。"

"好吧，爸爸让你来，你可以做好的。"

在孩子要求做某事的时候，不妨给他机会去尝试。当然了，也许某些事对孩子来说有一定的危险，但是，只要父母事先告诉孩子做事的步骤、技巧和注意事项，并在一旁静静观察，就能有效避免事故的发生。在这个过程中，父母最好是保持冷静，并且做个绝对的"局外人"。一切让孩子自己动手、动脑。这是个锻炼孩子的好机会，结果如何并不重要。所以，你也不要在孩子没做好事情时，给他泼冷水，说"我就说过你做不了"这样的话。明智的做法是帮他找原因，鼓励他重做一遍。

你可以看到，孩子在一次次的尝试和努力中，的确能学到不少东西，他处理事情的能力也得到了提高。

这便是你对孩子不吝鼓励的结果。

赏识和信任，是激发孩子兴趣的一个很有效的方式，也是让孩子潜能得到发挥的契机。你试试就知道，这不是一句空话。

对孩子的赏识要发自内心。

很显然，并不只是对孩子说句"你能行"就算是对孩子的赏识。赏识是一种建立在对孩子的性格、能力完全了解的基础之上的看法。说得简单些，它是发自内心的，而不是装出来的。

你是否在心里拿自己的孩子同别人的孩子比较过，遗憾于孩子的短处，而对他的长处却视而不见？

在我看来，鼓励是孩子精神上的一剂良药。鼓励孩子使孩子得到自信，自信使孩子拥有下一次取得成功的雄心壮志。如此循环往复，方可造就天才。

4．儿童为什么需要鼓励

《卡尔·威特的教育》一书详细记载了老卡尔如何采取独辟蹊径的教育方法，将一个痴呆的婴儿最终获得法学博士学位的成长过程。从中描述了如何恰到好处地给孩子鼓励，体现了鼓励孩子的重要性。

孩子从出生到六七岁，其各种感知能力及创造行为一直在不断发展。在这段时间里，孩子总是试图根据自己的想象和感受触摸去发现周围的世界，并从中寻找乐趣。如果他们的行为受到压制或得不到及时的引导和鼓励，他们的创造性心理就不易得到发展，孩子的创造力也就无从培养，积极的心态也将受到影响。

一位著名的教育家多次讲："孩子需要鼓励，就如植物需要浇水一样。离开鼓励，孩子就不能生存。"可见鼓励的作用对教育孩子有多么重要。但在生活中有某些家长和老师往往不重视鼓励，他们更关心的是怎样"对付"孩子的不"规范"行为，根本不考虑孩子的行为究竟是表现了怎样的心态，应如何"对付"这些导致不"规范"行为的原因。

每一次称赞和鼓励，都是对孩子自信心和自尊心的一次浇灌。"自信"中最重要的一点是一个人对自我的评价。而这个自我的评价往往大多取决于来自于别人对我们的评价。我们很容易就能记住那些称赞我们的人和他们的话。比如在我很小的时候，我的爸爸和妈妈曾经夸我的铅笔字写得好，从那以后，每次上写字课，我都格外认真，而爸爸当时表扬我的那个画面深深地刻在我的脑海里，至今难以忘怀。父母的称赞和鼓励其实就是一种爱的传递。而这种爱带给孩子直接的感受就"安全感"。一份充足的爱和安全感是保持孩子身心健康的前提。

有人曾对一组世界级运动员进行了调查，要求他们说出早期对他们的成功影响最大的是什么。95%的运动员回答："是父母的支持和鼓励。"

教师对儿童真诚无私的鼓励、赞赏，是激发他们积极性的最佳手段，是教育教学成功的桥梁，也是培养师生情感的重要途径，是教师工作的最高艺术。

（1）赞赏可使学生情绪饱满。美国教育心理学家罗斯坎贝尔说："每个孩子都有一定的情感需要。这种需要决定着孩子行为中的许多东西（愉悦，满足，高兴）。自然情感贮存越是充实，情绪就越高涨，行为也就越好，他才能感觉到自己处于最佳状态。"

（2）鼓励和赞赏可以强化学生的自信和勇气。前苏联教育学家索络维契克指出："童年时代受人喜欢的孩子，从小就觉得是善良聪明的，因此才受人喜爱，于是他也就尽力使自己的行为成名副其实而造就自己，成为有自信心的人。而那些不得宠的孩子呢，人们总是训斥他们'是个笨蛋窝囊废，懒鬼'，于是他们也就真的养成了这恶劣的品质"。因此，人的品德很大程度上取决于自信和社会公正的评价。老师如果能在学生的作业本上、成绩册中写上鼓励和赞赏的话，无疑会使他们这些优良的品德在愉悦满足中不断强化，更有前进的动力。

（3）赞赏和鼓励可增进师生的情感。俗话说"投之以桃报之以李"。老师对学生真诚无私地赞赏和尊重，更会加深学生对老师的爱戴和尊敬，从而建立良好的师生关系。

综上所述，鼓励对儿童是一剂良药。儿童就需要鼓励。鼓励可以帮助学生健康地成长。

学会适时鼓励学生并不是一件容易的事情，每一位教师都要善于去观察发现，仔细地研究与思考，如何去鼓励学生，养成经常反思的习惯。要发现鼓励学生的有效方法，最重要的一点是深入地了解学生。每一个学生都有不同的特点，这就决定了我们的方法也是不同的，这就需要我们教师花时间去找到这种不同处。鼓励学生，树立他们的自信心，使学生对自己有正确的认识，而不是终日怀疑自己，怀疑自己的能力与价值。

一位名人曾精辟地指出："人性深处最深切的渴望，就是渴望别人赞美。"莎士比亚曾形象地说过："赞美是照耀我们心灵的阳光，没有它，我们的心灵就无法成长。"看来，赞美的力量是巨大的。一个大人尚且需要赞美，处在学习阶段的孩子更需要肯定和赞美。从根本上鼓励孩子的自信心，才能培养出学习优秀，心理健康的好学生。爱是孩子们成长的一切，正确的鼓励也是一种爱的体现。

5. 如何鼓励孩子

（1）激励孩子积极向上的 5 句话

赞赏和激励是促使孩子进步的最有效的方法之一。每个孩子都有希望受到家长和老师的重视的心理，而赞赏其优点和成绩正好能满足孩子的这种心理，使他们的心中产生一种荣誉感和骄傲感。孩子在受到赞赏鼓励之后，会因此而更加积极地去努力，会在学习上更加努力，会把事情做得更好。赞赏和激励是沐浴孩子成长的雨露。

A. 你将会成为了不起的人！

B. 别怕，你肯定能行！

C. 只要今天比昨天强就好！

D. 你一定是个人生的强者！

E. 你是个聪明孩子，成绩一定会赶上去的。

（2）使孩子充满自信的 7 句话

自信心是人生前进的动力，是孩子不断进步的力量源泉。因此，父母在教育孩子的过程中，一定要重视对其自信心的培养。可以说，许多学习落后或者逃学、厌学的孩子，都源于自信心的丧失。只有自认为已经没有指望的事，人们才会放弃，学习也是一样的，只有孩子认为自己没有希望学下去了，他才会逃学、厌学。实际上，即使那些学习很差的孩子，只要我们能重新燃起他们内心自信的火种，他们都是完全可以赶上去的。

A. 孩子，你仍然很棒。

B. 孩子，你一点也不笨。

C. 告诉自己："我能做到。"

D. 我很欣赏你在××方面的才能。

E. 我相信你能找回学习的信心。

F. 你将来会成大器的，好好努力吧！

G. 孩子，我们也去试一试。

（3）促使孩子学习更优秀的7句话

非志无以成学，非学无以成才。学习是孩子成才的唯一途径。没有哪一位父母会不关心孩子的学习问题。要使孩子学习好，一方面，在于引导和鼓励，把孩子的学习积极性充分调动起来。使他们成为乐学、肯学的好孩子。另一方面，需要教给孩子有效的学习方法，使他们掌握高效的学习武器。方法即是孩子学习好的捷径，即是孩子通向成才之路的桥梁。

A. 凡事都要有个计划，学习也一样。

B. 珍惜时间，就是珍惜生命。

C. 你再好好思考思考。

D. 提出一个问题，我就奖励你。

E. 你就按自己的想法去做吧。

F. 做完作业再玩，不是玩得更开心吗？

G. 只要努力，下次就一定能考好。

（4） **促进孩子品行高尚的 8 句话**

知识学得再多，但如果不懂得做人的道理，也很难在将来获得成功。在现实社会中，许多父母对孩子往往只抓孩子的学习，不计其余，有的父母甚至认为，孩子怎样做人，等他走上社会自然会明白的。其实，这种认识是十分错误的。一个人的任何技能，都不是一朝一夕可能学成的，何况是应对复杂的社会和人际关系。因此，父母应尽早多向孩子讲解做人的道理，并为孩子做出榜样。

A．品德比分数更重要。

B．诚实是做人的第一美德。

C．竞争中的公平最可贵。

D．凡事都要问一问自己的良心。

E．要学会说一声："谢谢。"

G．我很高兴你有一颗同情心。

H．我希望你是个懂礼貌的好孩子。

（5） **鼓励孩子自立自强的 11 句话**

一个人的成功，离不开自立自强的品性和奋斗精神。可是现今的大多数独生子女，在父母的过分呵护和娇惯之下，非常缺乏自立自强的意识，甚至有些孩子，除了上学读书之外，生活中的事情他们一概不知，甚至连自己的鞋带都系不好。这样的孩子将来走上社会，怎么会成功呢？因此父母一定要对此有个清醒的认识，尽早鼓励孩子自立自强，培养他们不软弱、不撒娇、自己的事情自己做的良好品性。

A．只要是你想做的事情，都由你自己决定。

B. 自己去做吧，不要总是依赖别人。

C. 路是自己选择的，就要对自己负责。

D. 你可以锻炼一下自己嘛！

E. 你大胆去锻炼一下自己不是很好吗？

F. 拿出男子汉的勇气，闯过来。

G. 能够管住自己是你将来成功的保障。

H. 你自己解决这个问题吧。

I. 跌倒了，要自己爬起来。

J. 你一定要自己走路去上学。

K. 由你去交钱，好吗？

（6）帮助孩子热爱劳动的5句话

热爱劳动是人最需要有的良好品性之一。世界上的成功人士大都有热爱劳动的好习惯。对于孩子来说，父母培养他们热爱劳动，既能增强其自立自强的精神，又可以使其在劳动中学会生活技能，对今后的生存发展有着积极的作用。因此，家长千万不要把眼光只盯在孩子的学习上，而应当从小就重视对孩子进行劳动观念的教育和劳动能力的培养。

A. 经过辛苦劳动获得的成果，会让你感到更快乐。

B. 不会做的活，你多做几次就会了。

C. 第一次的时候，谁都一样。

D. 好孩子，自己的事情自己做。

E. 我们可以互换位置，你也来尝尝当家的滋味。

（7）引导孩子学会与人交往的6句话

交往是人们实现合作与沟通的前提，不会与人交往的人，在社会上很难受到别人欢迎的，而一个不受欢迎或者不被他人接纳的人，也是根本不可能取得成功的。因此，父母应当充分认识让孩子学会交往的重要性，从小鼓励孩子与同学朋友积极交往，从而为孩子的健康成长和将来走上成功之路打下一个坚实的基础。

A. 孩子，做人要坦荡，待人要坦诚。

B. 你要学会融入集体中。

C. 要用你的诚心赢得他人的欢迎。

D. 不要随便地去怀疑别人。

E. 朋友之间要相互信任和理解。

F. 同学之间要友爱互助。

（8）鼓励孩子勇于纠正缺点的12句话

每个人都会有缺点，孩子当然也不例外。但父母怎样面对孩子的缺点，却很有讲究。教育学家认为：用粗暴、打骂等方法纠正孩子的缺点，很可能使孩子产生逆反心理，不可能达到理想的效果。只有用说服教育、讲道理的方法，使孩子认识到缺点错误的危害性，他才会主动地去改正缺点。因此父母教育孩子纠正缺点，必须讲究方法。

A. 无论什么时候都不要选择用谎言解决问题。

B. 每个人身上都有值得学习的地方。

C. 积极地进行自我约束是对自己负责。

D. 辱骂别人是一种非常可耻的行为。

E. 无论何时何地，你一定要学会控制自己的脾气。

F. 你是个懂事的孩子。

G. 有耐心才能做好任何事情。

H. 我们要找个锻炼细心的事情做一做。

I. 凡事都要冷静，不能急躁。

J. 游戏可以玩，但不能沉迷其中。

K. 胆子大些，再大些。

L. 偏食会妨碍你的成长。

怎样才能使表扬更有效呢？希望下面的观点能给你带来些启发和参考：

（1）首先不要吝啬你的表扬，尤其是对年龄小的孩子。父母常用成人的眼光去看待孩子的行为，认为没有几件事是值得表扬的。

其实，对于年龄小的孩子做好一些"简单"的事已经很不容易了。而良好的习惯和惊天动地的成绩就是由这些"简单"的行为累积成的。因此只要有助于培养孩子良好的习惯，增强自信心，父母就要慷慨地给予表扬，年龄愈小表扬愈多，随年龄的增长逐渐提高表扬的标准。

（2）表扬最好在孩子有了良好行为之后进行，而不是事先许诺，从而增强儿童良好行为发生的自觉性。表扬要具体。表扬越具体，孩子越容易明白哪些是好的行为，越容易找准努力的方向。

例如，孩子看完书后，自己把书放回原处，摆放整齐。如果这时家长只是说："你今天表现得不错。"表扬的效果会大打折扣，因为孩子不明白"不错"指什么。你不妨说："你自己把书收拾这么整齐，我真高兴！"一些泛泛的表扬，如"你真聪明"、"你真棒"虽然暂时能提高孩子的自信心，但孩子不明白自己好在哪里，为什么受表扬，且容易养成骄傲、听不得半点批评的坏习惯。

（3）表扬要及时，对应表扬的行为，父母要及时表扬。否则，孩子会弄不清楚为什么受到了表扬，因而对这个表扬不会有什么印象，更谈不到强化好的行为了。因为在孩子的心目中，事情的因果关系是紧密联系在一起的，年龄越小，越是如此。及时的表扬犹如生病及时服药一样，对年幼的孩子会产生很大的作用，一旦发现孩子有好的行为，就应及时表扬，这样会收到良好的教育效果。

（4）表扬不仅要看结果，还要看得见过程。孩子常常"好心"办"坏事"。

例如，孩子想"自己的事自己干"，吃完饭后，自己去洗碗，不小心把碗打破了。这时家长不分青红皂白一顿批评，孩子也许就不敢尝试自己做事了。如果家长冷静下来说："你想自己做事很好，但厨房路滑，要小心！"孩子的心情就放松了，不仅喜欢自己的事自己做，还会非常乐意帮你去干其他家务。因此只要孩子是"好心"就要表扬，再帮他分析造成"坏事"的原因，告诉他如何改进，这样会收到较好的效果。

（5）表扬应针对事，而不应针对人。表扬的目的是让孩子明白哪些行为是好的，以增强孩子的好行为，所以表扬最重要的原则就是：要针对孩子对某一件事付出的努力，取得的效果，而不要针对孩子的性格和本人。在孩子把玩过的玩具整理好后，若说"你真是个好孩子"，这样孩子就可能弄不清父母是表扬他玩具收拾得好，还是赞扬他不再玩玩具了。而父母若说"你把玩具收拾得这么好，我真高兴"，这样孩子就会明白这种行为是好的，以后还要这样做。

（6）表扬孩子的点滴进步。在生活中，肯定孩子的点滴进步是巩固孩子的好行为，形成良好习惯的重要手段，如孩子的东西往往用过后乱扔，你可以要求他把自己的东西整理好，孩子只要能整理好一件东西，也应及时表扬"你这样做真好，若能把其他东西收拾好就更棒了"，这样孩子就会逐渐巩固自己的好行为，形成好习惯。

（7）尽量避免当众表扬孩子。许多父母都喜欢当众表扬孩子，对孩子的某些特长，甚至让孩子当众"表演"，认为这样做可以增强孩子的自信心，其实这样夸奖很容易造成孩子爱虚荣、骄傲自满的倾向。

一些被当众夸惯了的孩子，有一点好的表现，没被注意到，就会感到委屈；有的孩子为了夸奖而弄虚作假，这样对孩子的成长非常不利。

（8）表扬的方式要恰当。孩子的年龄、性别、性格、爱好不同，其所需的表扬方式也不尽一样，如小孩子喜欢父母的搂抱和爱抚，而对稍大的孩子，一个特定的手势，一个微笑，一个眼神都是表扬的方式，表扬方式应因人而异。表扬的方式长期重复也会失去效用，所以表扬也应注意要有新意。

（9）表扬孩子太频繁太夸张都不好。"现在，不少家长已经意识到表扬能够激发孩子的动力，但却不知表扬太频繁太过分，也会伤害孩子的自信和动力。"很多家长在培养孩子好习惯的过程中，常采取表扬的激励措施，比如哪天他按时完成作业了、自觉收拾房间，就会适时表扬，或给他奖个小红花等。刚开始，家长发现孩子些许进步时，确实都要及时表扬，但孩子慢慢养成习惯以后，最好逐渐减少表扬次数、拉长表扬的间隔时间。"表扬还不能过分夸张，否则，容易让孩子骄傲。尤其当孩子有一定评价、判断能力后，家长过分夸张的表扬会让孩子觉得父母没有诚心。

久而久之，表扬对他的激励作用将大大降低，甚至会因此反感、排斥父母。"

（10）不附加否定的赞扬。孩子取得成功时，家长总希望他们要做得更好，往往会在表扬里添加那么一点否定。父母本意是让孩子做得更好，但孩子的感觉却是父母在批评他，自己什么都做不好，不如放弃。所以，当孩子成功进步时，最好给他诚心的不加否定的赞扬。

每个孩子都需要鼓励。要想让你的孩子变成天才，就请从今天开始真诚地鼓励他、表扬他、赞美他。

第二章　天才产生的内在动因（上）

（一）自信是生命的支柱

1. 自信的定义

自信的意思是自己相信自己。自信对我们的生活非常重要；我们的事业、我们的爱情、我们的生活、我们的工作，不管是哪一个领域，自信都是无比重要的。自信给人以力量，给人以快乐。正是有了自信，人们才充满了睿智，心中才升腾起无尽的希望。

自信，是个人对自己所做各种准备的感性评估。

自信是成功的必要条件，是成功的源泉。

相信自己行，是一种信念。自信是人对自身力量的一种确信，深信自己一定能做成某件事，实现所追求的目标。

自信不能停留在想象上。要成为自信者，就要像自信者一样去行动。我们在生活中自信地讲了话，自信地做了事，我们的自信就能真正确立起来。面对社会环境，我们每一个自信的表情、自信的手势、自信的言语都能真正在心理中培养起我们的自信。

广义地讲，自信本身就是一种积极性，自信就是在自我评价上的积极态度。

狭义地讲，自信是与积极密切相关的事情。没有自信的积极，是软弱的、不彻底的、低能的、低效的积极。

自信是发自内心的自我肯定与相信。

自信无论在人际交往上、事业上，还是在工作上，都不可或缺。

只要自己相信自己，他人就会相信你。自信是生命的支柱。

2．培养自信的方法

首先，先为大家讲几个关于自信的小故事。

故事一：乔·吉拉德自信的故事

乔·吉拉德是世界上最伟大的销售员。他所保持的世界汽车销售纪录：连续 12 年平均每天销售 6 辆车，至今无人能破。乔·吉拉德，因售出 13 000 多辆汽车创造了商品销售最高纪录而被载入世界吉尼斯大全。他曾经连续 15 年成为世界上售出新汽车最多的人，其中 6 年平均每年售出汽车 1300 辆。

乔·吉拉德也是全球最受欢迎的演讲大师，曾为众多世界 500 强企业精英传授他的宝贵经验；来自世界各地数以百万的人们被他的演讲所感动，被他的事迹所激励。

35 岁以前，乔·吉拉德是个全盘的失败者。他患有相当严重的口吃，换过 40 个工作仍一事无成，甚至曾经当过小偷，开过赌场；然而，谁能想象得到，像他这样一个谁都不看好，而且是背了一身债务几乎走投无路的人，竟然能够在短短 3 年内爬上世界第一，并被吉尼斯世界纪录称为"世界上最伟大的推销员"。

他是怎样做到的呢？虚心学习、努力执著、注重服务与真诚分享，是乔·吉拉德4个最重要的成功关键。

销售是需要智慧和策略的事业。但在我们看来，信心和执著最重要，因为按照预测推断没人会想到乔吉拉德后来的辉煌！

由此可以推断，如果你的出身比乔吉拉德强，没有偷过东西，如果你不口吃，那你没有理由不成功，除非你对自己没有信心，除非你真的没有努力过，奋斗过！

故事二：小泽征尔胜于自信的故事

小泽征尔是世界著名的交响乐指挥家。在一次世界优秀指挥家大赛的中，他按照评委会给的乐谱指挥演奏，敏锐地发现了不和谐的声音。起初，他以为是乐队演奏出了错误，就停下来重新演奏，但还是不对。他觉得是乐谱有问题。这时，在场的作曲家和评委会的权威人士坚持说乐谱绝对没有问题，是他错了。面对一大批音乐大师和权威人士，他思考再三，最后斩钉截铁地大声说："不！一定是乐谱错了！"话音刚落，评委席上的评委们立即站起来，报以最热烈的掌声，祝贺他大赛夺魁。

原来，这是评委们精心设计的"圈套"，以此来检验指挥家在发现乐谱错误并遭到权威人士"否定"的情况下，能否坚持自己的正确主张。前两位参加决赛的指挥家虽然也发现了错误，但终因随声附和权威们的意见而被淘汰。小泽征尔却因充满自信而摘取了世界指挥家大赛的桂冠。

故事三：尼克松败于自信的故事

美国前总统尼克松，因为一个缺乏自信的错误而毁掉了自己的政治前程。

1972年，尼克松竞选连任。由于他在第一任期内政绩斐然，所以大多数政治评论家都预测尼克松将以绝对优势获得胜利。

然而，尼克松本人却非常不自信，他走不出几次失败的心理阴影，极度担心再次出现失败。在这种潜意识的驱使下，他鬼使神差地干出了一件后悔终生的蠢事。他指派手下的人潜入竞选对手总部的水门饭店，在对手的办公室里安装了窃听器。事发之后，他又连连阻止调查，推卸责任，在选举胜利之后不久便被迫辞职。本来稳操胜券的尼克松，因为缺乏自信而导致惨败。

故事四：自信——照耀我们成才的明灯

俄国著名的喜剧作家斯坦尼斯拉夫斯基，有一次在排演一出话剧的时候，女主角突然因故不能演出了，斯坦尼斯拉夫斯基实在找不到人，只好叫他的大姐担任这个角色。他的大姐以前只是一个服装道具的管理员，现在突然出演主角，便产生了自卑胆怯的心理，演得极差，引起了斯坦尼斯拉夫斯基的烦躁和不满。

一次，他突然停下来排练，说："这场戏是全剧的关键，如果女主角仍然演得这样差劲儿，整个戏就不能再往下排了！"这时全场寂然，他的大姐久久没有说话。突然，她抬起头来说："排练！"一扫以前的自卑、羞怯和拘谨，演的非常自信，非常真实。斯坦尼斯拉夫斯基高兴地说："我们又拥有了一位新的表演艺术家！"

4个故事，有因为拥有自信而取得成功的，有因为缺乏自信而失败的。小故事往往暗含大智慧，4个故事都无疑向我们传达：自信就是生命的支柱。只有变成一个自信心满满的人，才能终成大器。

有位哲人说过："一个人，从充满自信的那刻起，上帝就在伸出无形的手在帮助他。"这个世界有上帝吗？有，上帝就是你的自信心！老子说："江海所以能成百谷王者，以其善下之，故能为百谷王。"江海之所以能够成为百谷之王，是因为江海善于处在百谷的下游，因此能成为百谷之王。

自信正是一种美妙的生活态度。当我们一事无成时，我们会怀疑自己的能力，被自卑感所打倒，于是我们觉得生活痛苦、暗淡无光；我们建立了自信，思想上变得乐观、豁达，我们的生活也随之变得美好。所以只要我们有自信心，它就会激发我们的生命力量，这种力量如同火，可以焚烧困难，照亮智慧。人不能失去自信，否则生活的重担就无法挑起，前进的路上就会寸步难行，心中的希望就会泯灭。

自信对我们的事业、我们的爱情、我们的生活、我们的工作，不管是哪一个领域都是无比重要的。自信给人以力量，给人以快乐。我们生活的每一天，都是在帮助别人又被别人帮助，服务于别人又在被别人服务的过程中度过的，正是有了自信，人们才充满了睿智，你和我的心中才升腾起无尽的希望。

发现自己的长处，是自信的基础。但在不同的环境里，优点显露的机会并不均等。例如，有些学校注重文化课，成绩好的优点就显露，而体育好的未必被人看重；换成体校，情况可能就恰好相反。因此，我们在评价自己的时候，可以采用场景变换的方法，寻找"立体的我"，这样我们可能会意外地发现，自己原来有很多优点与长处。

相信自己行，才能大胆尝试，接受挑战。为此，我们要在回忆过去成功的经历中体验信心。同时，要多做，力争把事情做成，从中受到更多的鼓舞。在尝试中，会有些失败和错误。如果我们相信爱迪生所说的"没有失败，只有离成功更进一点儿"，那么，对于前进过程中的问题、困难乃至失败，就能看得淡一点儿，从容应对，把注意力集中到完成任务上，不断增强实力。而实力，才是撑起信心的最重要支柱。

那么，当我们缺乏自信时应该怎么办？下面，向大家介绍几种建立自信的方法，帮助你重建自己的信心！

（1）挑前面的位子坐

你是否注意到，无论在教学或教室的各种聚会中，后排的座位是怎么先被坐满的吗？大部分占据后排座的同学，都是希望自己不会"太显眼"。而他们怕受人注目的最根本原因就是缺乏信心。其实，坐在前面能建立信心。把它当作一个规则去试试看，从现在开始，每次参加集体活动的时候，就尽量选择往前坐。当然，坐前面会比较显眼，但要记住，有关成功的一切都是显眼的。也只有坐在前面才会增加别人对你的注意力，也就是说可以为自己争取很大的机会。永远要记住，前排才是自信的港湾。

（2）学会正视别人

一个人的眼神可以透露出许多有关他的信息。某人不正视你的时候，你会直觉地问自己："你到底想要隐藏什么呢？他心里究竟在想什么呢？难道他会对我不利吗？"

不正视别人通常意味着：在你旁边我感到很自卑；我感到不如你；我怕你。躲避别人的眼神意味着：我有罪恶感；我做了或想到什么我不希望你知道的事；我怕一接触你的眼神，你就会看穿我。这都是一些不好的信息。

正视别人等于告诉你：我很诚实，而且光明正大。我可以保证我告诉你的话是真的，毫不心虚。正视别人等于告诉自己：我很自信，我可以正视整个世界，绝不忐忑不安。

（3）学会当众发言

拿破仑指出，有很多思路敏锐、天资高的人，却无法发挥他们的长处参与讨论。并不是他们不想参与，而只是因为他们缺少信心。

在会议中沉默寡言的人都认为："我的意见可能没有价值，如果说出来，别人也可能会觉得很愚蠢，我最好什么也不说。而且，其他人可能都比我懂得多，我并不想让你们知道我或许是这么无知。"这些人常常会对自己许下很渺茫的诺言："等下一次再发言。"可是他们很清楚自己是无法实现这个诺言的。每次这些沉默寡言的人不发言时，他就又中了一次缺少信心的毒素了，他会愈来愈丧失自信。从积极的角度来看，如果尽量发言，就会增加信心，下次也更容易发言。有第一次成功的例子，就一定会有第二次的尝试。所以，要多发言，这是信心的"维生素"。

不论是参加什么性质的会议，每次都要主动发言，也许是评论，也许是提建议或提问题，都不要有例外。而且，不要最后才发言。要做破冰船，第一个打破沉默。也不要担心你会显得很愚蠢。不会的。因为总会有人同意你的见解。所以不要再对自己说："我怀疑我是否敢说出来。"用心引起会议主持人的注意，好让你有机会发言。

（4）运用肯定的语气可以消除自卑感

有些女人面对着镜子，当她看到自己的形影或肤色时，忍不住产生某种幸福的感受。相反地，有些女人却被自卑感所困扰。虽然彼此的肤色都很黝黑，但自信的女人会以为："我的皮肤呈小麦色，几乎可跟黑发相媲美。"所以，她内心一定暗喜不已。

但是，一个缺乏自信的女人却因此痛苦不堪地呻吟起来："怎么搞的，我的肤色这么黑。"两种人的心情完全不同。

有的女人看见镜子就丧失信心，甚至在一气之下，把镜子摔破。由此可见，价值判断的标准是非常主观而又含糊的。只要认为漂亮，看起来就觉得很漂亮，如果认为讨厌，看来看去都觉得不顺眼。尤其，关于自卑感的情况，也常常会受到语言的影响，所以说，否定意味的语言，对于一个人的心理健康有百害而无一利。

《物性论》一书的作者是古罗马大诗人卢克莱修。他奉劝天下人要多多称赞肤色黝黑的女人说："你的肤色如同胡桃那样迷人。"只要不断如此赞赏对方，那么，这位女人即使再三对镜梳妆，或明知自己的皮肤黝黑，也会毫不在乎。这样一来，她就能专心于化妆，而且总觉得自己不失为迷人的女性。

接着，卢克莱修奉劝我们不妨将"骨瘦如柴"改说为"可爱的羚羊"，把"喋喋不休"改说为"雄辩的才华"。不同的语言可将相同的事实完全改观，而且也给人以不同的心理感受。

总之，运用肯定或否定的措词，可将同一件事实，形容成有如天壤之别的结果。可见措词是任何天才都无法比拟的魔术师。在任何情况之下，只要常用有价值的措词或叙述法，则驱除自卑感，去享受愉快的生活。

我们要时常用肯定的语气和别人交流，也要时常用肯定的语气鼓励自己。

（5）**抬头挺胸，把你走路的速度加快25%**

当大卫·史华兹还是少年时，到镇中心去是很大的乐趣。在办完所有的差事坐进汽车后，母亲常常会说："大卫，我们坐一会儿，看看过路行人。"

他的母亲是位绝妙的观察行家。她会说："看那个家伙，你认为他正受到什么困扰呢？"或者"你认为那边的女士要去做什么呢？"或者"看看那个人，他是不是似乎有点迷惘呢？"

观察人们走路实在是一种乐趣。这比看电影便宜得多，也更有启发性。

许多心理学家将懒散的姿势、缓慢的步伐跟对自己、对工作以及对别人的不愉快的感受联系在一起。但是心理学家也告诉我们，借着改变姿势与速度，可以改变心理状态。你若仔细观察就会发现，身体的动作是心灵活动的结果。那些遭受打击、被排斥的人，走路都拖拖拉拉，完全没有自信心。

普通人有"普通人"走路的模样，作出"我并不怎么以自己为荣"的表白。

另一种人则表现出超凡的信心，走起路来比一般人快，像跑，而且全程昂首挺胸。

他们的步伐告诉整个世界："我要到一个重要的地方，去做很重要的事情，更重要的是，我会在 15 分钟内成功。"

使用这种"走快 25％"的技术，抬头挺胸走快一点，你就会感到自信心在增长。

（6）学会坦白

内观法是研究心理学的主要方法之一，这是实验心理学之祖威廉·华特所提出的观点。此法就是很冷静地观察自己内心的情况，而后毫无隐瞒地抖出观察结果。如能模仿这种方法，把时时刻刻都在变化的心理秘密，毫不隐瞒地用言语表达出来，那么就没有产生烦恼的余力了。例如初次到某一个陌生的地方，内心难免会疑惧万分。这时候，不妨将此不安的情绪，清楚地用语言表达出来："我几乎愣住了，我忐忑当安，甚至两眼发黑，舌尖凝固，喉咙干渴得不能说话。"这样一来，不但可将内心的紧张驱除殆尽，而且也能使心情得到意外的平静。不妨再举一个很实在的例子。有一个位居美国第 5 名的推销员，当他还不熟悉这项工作时，有一次，他竟独自会见美国的汽车大王。结果，他真是胆怯得很。在情不自禁之下，他只好老实地说出来了："很惭愧，我刚看见你时，我害怕得连话也说不出来。"结果，这样反而驱除了恐惧感，这要归功于坦白的效果。

（7）做自己能做的事

做自己做得到的事时，个性会显现出来。重要的是，与其极欲恢复自我的形象，不如找出当下可以做的事。知道应该做的事，然后加以实行，就可以从自我的形象中获得解放。总之，要试着记下马上可以做的事，然后加以实践，没有必要非是伟大、不平凡的行动，只要是自己能力所及的事就足够了。因为我们就是想一步登天，所以才找不到事做。

"今日事今日毕"。今天可以轻松做完的工作，如果留到第二天，工作就会变得很沉重。如果心想"真烦！"而留待第二天，工作就会相对地变重。今天能动手做的事如果拖到第二天，那么那些延迟的工作就会使自己的负担加重。从没遇到有人说"从明天起我要戒烟"而把烟戒了的，也从没有遇到有人说"今晚酒喝到此为止"而把酒戒掉的。以下是一位摄影师的小故事。一次，这位摄影师出席某个聚会。前往酒会的途中，这位摄影师说道："我戒酒了！"问他："什么时候开始的？"他回答："刚才我决定戒掉的。"他把烟、酒都戒掉了。大部分的人都会回答："待这次酒会过后"或者"这次酒会是最后一次"。"永远"也是一小时一小时累积起来，因为抽掉一小时，也就没有永远了。试着制作两张卡片，一张写上"做吧"，另一张写上"待会儿再做"。把这两张卡片随身带着，当自己不太有自信时，抽出其中一张。这时应该抽出写着"做吧"那张。我们可以在背面先写上"要有自信"。当自己不知道要不要做时，务必抽出这张卡片。因为今天关系着第二天，今天可以动手做的事如果没有动手做，明天再要动手做就会变得更加困难。

一个具有健全灵魂的人，会向往自己能够做到的事。心智发育未成熟的人，会不断采取非常强烈的自我中心的态度。这种表现型，以自我中心的人一旦订立目标，一定是立刻吸引众人注意的那个目标，然后，因为执著于那个目标，而迷失了此时此地自己应该做的事，到了最后就是独来独去，标新立异。言重了！年轻时无法克服自我表现、自我中心的个性，到上了年纪，就成了抑郁症。

（8）自信培养自信

缺乏自信时更应该做些充满自信的举动。缺乏自信时，与其对自己说没有自信，不如告诉自己是很有自信的。为了克服消极、否定的态度，我们应该试着采取积极、肯定的态度。如果自认为不行，身边的事也抛下不管，情况就会渐渐变得如自己所想的一样。

有某一学生团体，提倡大学生每年选出一位最合乎现代且美丽的大学生，并且举办比赛。以下是那里的工作人员说的。他（她）们到各大学、到大街上，看到美丽的人，就把小册子拿给他（她）们看，请他（她）们参加这个比赛。从地方到全国，举办一次又一次各种的比赛。然而，大家变得愈来愈美，简直让人看不出来。那里的工作人员说："大概愈来愈有自信了吧！"这话完全正确。因为"我要参加这个比赛"的这种积极态度，使这些人显得好美。"我要参加这个比赛"，这种肯定生活的态度产生自信，使这些人显得更美。

丹麦有句格言说："即使好运临门，傻瓜也懂得把它请进门。"如果抱着消极、否定的态度，即使好运来敲自己的门，也不会把它请进来。机会来临时，更应该抛开自己消极、否定的态度。运气不仅发自于外，也发自于内心。"今天一整天都不说刻薄话"，这些事看起来容易，其实不简单。但是，只要下定决心去做，就做得到。如果能在声音中表现得有笑容，那么人生就会一天天变得亮丽起来。因为，如果声音带着亲切的笑意，人们就会想和你交谈，然后因为和人接触而有精神起来。电话交谈时，如果用有笑容的声音说话，对方听了舒服，自己也觉得快意。苦着一张脸或者冷言冷语的，不仅会让对方不舒服，自己也会不痛快。用言语冲撞对方时，就是用言语在冲撞自己，自己对对方的态度同时也是对自己的态度。

我们应该像砌砖块一样一块一块砌起来，堆砌我们对人生积极、肯定的态度。即使不能喜欢所有的人，也应该努力多喜欢一个人也好，喜欢一个人，相对地，也会喜欢自己，然后，也会克服对他人不必要的恐惧。因为，自信会培养自信。一次小成就会为我们带来自信。如果一下就想做伟大、不平凡的事，就会愈来愈没有自信。

（9）咧嘴大笑

大部分人都知道笑能给自己很实际的推动力，它是医治信心不足的良药。但是仍有许多人不相信这一套，因为在他们恐惧时，从不试着笑一下。真正的笑不但能治愈自己的不良情绪，还能马上化解别人的敌对情绪。如果你真诚地向一个人展颜微笑，他实在无法再对你生气。拿破仑·希尔讲了一个自己的亲身经历："有一天，我的车停在十字路口的红灯前，突然听到'砰'的一声，原来是后面那辆车的驾驶员的脚滑开刹车器，他的车撞了我车后的保险杠。我从后视镜看到他下来，也跟着下车，准备痛骂他一顿。但是很幸运，我还来不及发作，他就走过来对我笑，并以最诚挚的语调对我说：'朋友，我实在不是有意的。'他的笑容和真诚的说明把我融化了。我只有低声说：'没关系，这种事经常发生。'转眼间，我的敌意变成了友善。"

咧嘴大笑，你会觉得美好的日子又来了。笑就要笑得"大"，半笑不笑是没有什么用的，要露齿大笑才能有功效。我们常听到："是的，但是当我害怕或愤怒时，就是不想笑。"当然，这时，任何人都笑不出来。窍门就在于你强迫自己说："我要开始笑了。"然后，笑，要控制、运用笑的能力。

3．七句话增加自信

A．永远不要向任何人解释你自己。因为喜欢你的人不需要，而不喜欢你的人不会相信。

B．当你只是他们生命中的一个选择时，别让某人成为你生命中的优先。人与人之间的关系只有在彼此达到平衡时，运作才恰当。

C．每天早上醒来时，我们可以有两个简单的选择，回头去睡，继续做梦；或者起身去追逐梦想，选择权在你手上。

D. 我们总让在乎我们的人为我们哭泣，并总为那些永远不会在乎我们的人哭泣，且我们在意那些永远不会为我们哭泣的人，这是存在于生命的真实，奇怪却真实，一旦你了解了，改变不会太迟。

E. 别在喜悦时许下承诺，别在忧伤时做出回答，别在愤怒时做下决定。三思而后行，做出睿智的行为。

F. 时间就像流水。你永远无法触摸同样的流水两次，因为已经逝去的流水不会再来，享受生命的每个当下。

G. 当你持续地说你非常忙碌，就永远不会得到空间；当你持续地说你没有时间，就永远不会得到时间；当你持续地说这件事明天再做，你的明天就永远不会来。

（二）意志力的作用

1. 何为意志力

意志力可被视为一种能量，而且根据能量的大小，还可判断出一个人的意志力是薄弱的，还是强大的；是发展良好的，还是存在障碍的。这样，就没有什么不可能的。意志力也是心理学中的一个概念。是指一个人自觉地确定目的，并根据目的来支配、调节自己的行动，克服各种困难，从而实现目的的品质。要成就一番大事业，必须从小磨炼自己的意志力。

罗伊斯这样说："从某种意义上说，意志力通常是指我们全部的精神生活，而正是这种精神生活在引导着我们行为的方方面面。"意志力是人格中的重要组成因素，对人的一生有着重大影响。人们要获得成功必须要有意志力作保证。孟子说过："天将降大任于是人也，必先苦其心志，劳其筋骨，饿其体肤，空乏其身，行拂乱其所为，所以动心忍性，曾益其所不能。"这段话，生动地说明了意志力的重要性。要想实现自己的理想，达到自己的目的，需要具有火热的感情、坚强的意志、勇敢顽强的精神，克服前进道路上的一切困难。

当人们善于运用这一有益的力量时，就会产生决心。而人有决心就说明意志力在起作用。人的心理功能或身体器官对决心的服从，正说明了意志力存在的巨大力量。没有人会下定决心去做他自己认为不可能的事，比如一个人不可能会决心举起已丧失活动能力的手臂，也不会决心在不借助器械的条件下进行飞翔。对于这样可能性极小的事情，人们也许曾经产生过尝试一下的想法，但他们不可能在内心真的下决心去尝试这样的事情，因而他们也不会有做这件事情的真正勇气。每个人都会为自己设定一个真正适合自己人生的目标。人要实现这样的目标，必定要克服种种困难。如何正确对待遇到的困难和挫折，就是磨炼意志力的过程。

2. 意志的作用

（1）意志使认识活动更加广泛、深入

意志是在人的认识和情感活动基础上产生的。同时，认识活动也离不开意志的作用，意志使认识活动更加广泛深入。在认识活动中，有意注意的维持、知觉的合理组织、解决问题的思维活

动的展开等，都需要人的意志努力和意志行动。同时，积极的意志品质如自觉性、恒心等能促进人认知能力的发展。

（2）**意志调节着人的情绪、情感**

首先，情绪、情感影响着意志行为。积极的情绪、情感是意志行动的动力，消极的情感是意志行为的阻力。其次，意志对情绪、情感起调节控制作用。意志坚强的人可以控制与克服消极情绪的干扰，使情绪服从理智，把意志行动贯彻到底。相反，意志薄弱者则易成为情绪的俘虏，使意志行动不能持之以恒。

（3）**意志对人的自我修养具有重要意义**

在培养意志的过程中，我们会不知不觉使自己的修养得到提升。培养意志的过程，就是自我修养提升的过程。

3. 意志的品质

构成人的意志的某些比较稳定的方面。

（1）独立性：人不屈服于周围人的压力，不随波逐流，能根据自己的认识与信念，独立采取决定，执行决定。

它与武断和受暗示性的差别在于个体的认知能力和自信。

（2）果断性：有能力及时采取有充分根据的决定，并且在深思熟虑的基础上实现这些决定。

与武断的差别只在于结果，与优柔寡断相反。

（3）坚定性：也叫顽强性。长时间坚持自己决定的合理性，并坚持不懈地为执行决定而努力。

有明确的行动方向，和执拗的差别只在于结果。

（4）自制力：善于掌握和支配自己行动的能力，也表现为对情绪状态的调节力。

决策时的独立性和果断性＋执行时的坚定性＝自制力。

4．意志的培养

（1）形成积极坚定的世界观、人生观和信念。

（2）掌握科学的知识和技能，明确切实可行的学习目的。

（3）培养深厚坚定的情感。

（5）发挥榜样的作用。

（6）加强自我锻炼。

（7）根据自己的个性特征进行意志锻炼。

5．意志力训练

意志是一种特殊形式的情感，同样遵循情感强度三大定律：

意志强度第一定律（即意志强度对数正比定律）：意志的强度与自身行为活动的价值率高差的对数成正比。

意志强度第二定律（即意志强度边际效应定律）：意志的强度随着自身行为的活动规模的增长而下降。

意志强度第三定律（即意志强度时间衰减定律）：意志的强度随着自身行为的持续时间的增长而呈现负指数下降。

人的自身行为活动的价值率高差越大，根据意志强度第一定律，它所产生的意志强度越大，人就会越经常地、大规模地发展这一行为活动；同时，根据意志强度第二定律，其价值率就会逐渐下降并趋近于人的中值价值率，它所产生的意志就会逐渐衰退，以至最终消失，从而体现出意志强度第三定律。

三大定律就是在告诉我们，意志力会随着我们所做的事情的时间、规模而逐渐产生变化。耗时越长，意志力会越弱。在某种程度上这也说明了意志力受外界的影响很大，要想真的调控好意志力，使其受外界环境的影响变小，这还需要我们在实际生活中积极地对自身意志力进行训练。

人的种种精神力量似乎是不能截然分开的。讲到意志力训练，涉及到思维训练、记忆力训练、想象力训练。意志力就是一种自我引导的精神力量。既然如此，只要你在用心的做什么事，那么意志力总是在背后发挥着作用。或者认真去生活，认真去做事，就是一种锻炼意志力的方法。

意志力总是与人的感受、知识一起发挥作用的，但不能因此而认为人的感受、知识等同于意志力，也不能把欲望、是非感与意志力混为一谈。一个人可以违背他的意志力，而听凭他的感官来摆布；也可以调动自己的意志力，而使自己免受自己情感的摆布。意志力发挥作用的过程有时是为人们所熟悉的，而有时却是以某种秘密的方式悄悄进行的。但一般来说，当一个人完全受意志力的支配后，就感觉不到欲望、情绪和感官等等力量的存在了，意志力可能会完全地根据道德伦理的标准来采取行动；或者完全将道德问题搁在一边，不去理会道德的要求，而根据其他某种因素来采取行动。

一个人的意志力代表着他生活或做事的方式；意志引导着自己，也指挥着人身体的其他部分。

意志力不仅是指下决心的决断力，不仅是用来感悟理解的感受力，或是进行构想的想象力，意志力是指所有"进行自我引导的精神力量本身"。罗伊斯这样说："从某种意义上说，意志力通常是指我们全部的精神生活，而正是这种精神生活在引导着我们行为的方方面面。"

那么，应该如何去训练我们的意志力呢？

（1）**下定决心**

美国罗得艾兰大学心理学教授詹姆斯·普罗斯把实现某种转变分为 4 步：

抵制——不愿意转变；

考虑——权衡转变的得失；

行动——培养意志力来实现转变；

坚持——用意志力来保持转变。

有的人属于"慢性决策者"，他们知道自己应该减少喝酒量，但决策时却优柔寡断，结果无法付诸行动。

为了下定决心，可以为自己的目标规定期限。玛吉·柯林斯是加州的一位教师，对如何使自己臃肿的身材瘦下来十分关心。后来她被选为一个市民组织的主席，便决定减肥 6 千克。为此她购买了比自己的身材小两号的服装，要在 3 个月之后的年会上穿起来。由于坚持不懈，柯林斯终于如愿以偿。

（2）**目标明确**

普罗斯教授曾经研究过一组打算从元旦起改变自己行为的实验对象，结果发现最成功的是那些目标最具体、明确的人。其中一名男子决心每天做到对妻子和颜悦色、平等相待。后来，他果真办到了。而另一个人只是笼统地表示要对家里的人更好一些，结果没几天又是老样子，照样吵架。

不要说诸如此类空空洞洞的话："我打算多进行一些体育锻

炼"，或"我计划多读一点书"。而应该具体、明确地表示——"我打算每天早晨步行 45 分钟"，或"我计划每周一、三、五的晚上读一个小时的书"。

（3）权衡利弊

如果你因为看不到实际好处而对体育锻炼三心二意的话，光有愿望是无法使你心甘情愿地穿上跑鞋的。

普罗斯教授对前往他那儿咨询的人劝告说，可以在一张纸上画好 4 个格子，以便填写短期和长期的损失和收获。假如你打算戒烟，可以在顶上两格上填上短期损失："我一开始感到很难过"和短期收获："我可以省下一笔钱"；底下两格填上长期收获："我的身体将变得更健康"和长期损失："我将推动一种排忧解闷的方法"。通过这样的仔细比较，聚集起戒烟的意志力就更容易了。

（4）改变自我

然而光知道收获是不够的，最根本的动力产生于改变自己形象和把握自己生活的愿望。道理有时可以使人信服，但只有在感情因素被激发起来时，自己才能真正加以响应。

汤姆每天要抽 3 盒烟，尽管咳嗽不止，但依然听不进医生的劝告，而是我行我素，照抽不误。"有一天，我突然意识到自己真是太笨了。"他回忆说，"这不是在'自杀'吗？为了活命，得把烟戒掉。"由于戒烟能使自己感觉更好，汤姆产生了改掉不良习惯的意志力。

（5）**注重精神**

法国 17 世纪的著名将领图朗瓦以身先士卒闻名，每次打仗都站在队伍的最前面。在别人问及此事时，他直言不讳道："我的行动看上去像一个勇敢的人，然而自始至终却害怕极了。我没有向胆怯屈服，而是对身体说——'老伙计，你虽然在颤抖，可得往前走啊！'"结果毅然地冲锋在前。

大量的事实证明，好像自己有顽强意志一样地去行动，有助于使自己成为一个具有顽强意志力的人。

（6）**磨炼意志**

早在 1915 年，心理学家博伊德·巴雷特曾经提出一套锻炼意志的方法。其中包括从椅子上起身和坐下 30 次，把一盒火柴全部倒出然后一根一根地装回盒子里。他认为，这些练习可以增强意志力，以便日后去面对更严重更困难的挑战。巴雷特的具体建议似乎有些过时，但他的思路却给人以启发。例如，你可以事先安排星期天上午要干的事情，并下决心不办好就不吃午饭。

来自新泽西州的比尔·布拉德利是纽约职业篮球队的明星，除了参加正常的训练之外，他是每天一大早来到球场，独自一个人练习罚球的投篮动作。"功夫不负有心人"。他终于成为球队里投篮得分最多的人。

（7）**坚持到底**

俗话说："有志者事竟成"。普罗斯在对戒烟后又重新吸烟的人进行研究后发现，许多人原先并没有认真考虑如何去对付香烟的诱惑。所以尽管鼓起力量去戒烟，但是不能坚持到底。当别人递上一支烟时，便又接过去吸了起来。

如果你决心戒酒，那么不论在任何场合里都不要去碰酒杯。倘若你要坚持慢跑，即使早晨醒来时天下着暴雨，也要在室内照常锻炼。

（8）实事求是

如果规定自己在 3 个月内减肥 25 千克，或者一天必须从事 3 个小时的体育锻炼，那么对这样一类无法实现的目标，最坚强的意志也无济于事。而且，失败的后果会将最终使自己再试一次的愿望化为乌有。

在许多情况下，将单一的大目标分解成许多小目标不失为一种好办法。打算戒酒的鲍勃在自己的房间里贴了一条标语——"每天不喝酒"。由于把戒酒的总目标分解成了一天天具体的行动，因此第二天又可以再次明确自己的决心。到了一周末，鲍勃回顾自己 7 天来的一系列"胜利"时信心百倍，最终与酒"拜拜"了。

（9）逐步培养

坚强的意志不是一夜间突然产生的，它在逐渐积累的过程中一步步地形成。中间还会不可避免地遇到挫折和失败，必须找出使自己斗志涣散的原因，才能有针对性地解决。

玛丽第一次戒烟时，下了很大的决心，但以失败告终。在分析原因时，意识到需要用于做点什么事来代替拿烟。后来她买来了针和毛线，想吸烟时便编织毛衣。几个月之后，玛丽彻底戒了烟，并且还给丈夫编织了一件毛背心，真可谓"一举两得"。

（10） 乘胜前进

实践证明，每一次成功都将会使意志力进一步增强。如果你用顽强的意志克服了一种不良习惯，那么就能获取与另一次挑战并且获胜的信心。

每一次成功都能使自信心增加一分，给你在攀登悬崖的艰苦征途上提供一个坚实的"立足点"。或许面对的新任务更加艰难，但既然以前能成功，这一次以及今后也一定会胜利。

6. 从实际生活看如何提高意志力

执著是非凡意志力的外在表现。对于每一个要克服的障碍，都离不开意志力。面对着所执行的每一个艰难的决定，我们所依靠的是内心的力量和百折不挠的勇气。我们强调职业人士的执著心态，更多的含义在于强调一种专注和投入的精神，强调一种对自己职业理想、人生信念的坚持，强调一种成就大事业所必需的非凡意志力的历练。

（1） 培养非凡的意志力

词典上将"意志力"解释成"控制人的冲动和行动的力量"，其中最关键的是"控制"和"力量"两个词。"力量"是客观存在的，问题在于如何"控制"它。

实践证明，每一次成功都将会使意志力进一步增强。如果你用顽强的意志克服了一种不良习惯，那么就能获取在另一次挑战中获胜的信心。

在一个周末，网易创始人丁磊在北大三角地作了一场演讲，不谈互联网，而是大谈"阿甘精神"——"人生就像酒心巧克力，没准你会尝到哪种滋味。"回忆自己在互联网界打拼的经历，丁磊总愿以自己钟情的电影《阿甘正传》做开场白。三角地会场的聚光灯下，身着休闲服的丁磊脸上也绽开了他所特有的孩子般迷人的笑容。"第一次看真的不明白，一片羽毛飘呀飘的，就记住了那句动听的话。"不停奔跑的阿甘给丁磊带来很多启示：按照自己朴素的愿望行事，不要计较别人对你的评价，任何成就都不能成为前进的阻碍。

丁磊坦言："我不是个好学生，上课总拣'偏远地区'坐下。课下也没有忙着去抄别人的笔记，功课差不多都是自己琢磨通的，不大管老师的套路，靠自己对知识本身的分析和理解，所以成绩不算很好，但这样的学习方法对我从事互联网研究有非常大的帮助。1994 年我开始触网，不要说老师，连一本书都没有，只能看到一些国外的杂志。但互联网本身又是一个知识的大宝库，你必须善于自己去分析那些庞杂的资料，提炼对自己有用的知识。我现在做的很多开发工作，同样是没有任何成熟的案例，没有人能做我的老师，仍旧要靠自己去教自己。养成一种好的学习方法可以受用终身。"

"毕业后，我分配回宁波，进了一个很多人都羡慕不已的单位：电信局。和我同时进局的大学生有 52 个，但走出来的，至今只有我一人。在电信局两年，我最大的收获就是搞懂了互联网是怎样一回事，也真真切切地感受到，互联网必将是一个巨大的市场，最终我以离职来谋求发展和认同，南下广州。在今天，人们对铁饭碗早已经看得很淡，但当时这种决定几乎就是冒天下之大不韪了。人的一生总会面临很多机遇，但机遇是有代价的。有没有勇气迈出第一步，往往是人生的分水岭。"

那份执著的创业精神，彰显出丁磊特有的魅力。他说："我非常欣赏《阿甘正传》，特别是阿甘跑遍美国的那一节。一开始，阿甘也是在冷嘲热讽中开始自己的历程的，但后来，他却带动了成千上万的人跟在他后面一起跑。从'疯子'到'领跑者'，是每个创业的人都要经历的一个过程，没有阿甘执著的精神，是走不完这个过程的。"

（2）企图心是执著的前提

美国西部的一个小乡村，一位家境清贫的少年在 15 岁那年，写下了他气势不凡的《一生的志愿》："要到尼罗河、亚马孙河和刚果河探险；要登上珠穆朗玛峰、乞力马扎罗山和麦金利峰；驾驭大象、骆驼、鸵鸟和野马；探访马可·波罗和亚历山大一世走过的道路，主演一部《人猿泰山》那样的电影；驾驶飞行器起飞降落；读完莎士比亚、柏拉图和亚里士多德的著作；谱一部乐曲；写一本书；拥有一项发明专利；给非常的孩子筹集 100 万美元捐款……"

他洋洋洒洒地一口气列举了 127 项人生的宏伟志愿。不要说实现它们，就是看一看，就足够让人望而生畏了。

少年的心却被他那庞大的《一生的志愿》鼓荡得风帆劲起，他的全部心思都已被那《一生的志愿》紧紧地牵引着，并让他从此开始了将梦想转为现实的漫漫征程，一路风霜雪雨，硬是把一个个近乎空想的夙愿，变成了一个个活生生的现实，他也因此一次次地品味到了搏击与成功的喜悦。44 年后，他终于实现了《一生的志愿》中的 106 个愿望……

他就是 20 世纪著名的探险家约翰·戈达德。

当有人惊讶地追问他是怎样的力量，让他把那许多注定的

"不可能"都踩在了脚下，他微笑着如此回答："很简单，我只是让心灵先到达那个地方，随后，周身就有了一股神奇的力量，接下来，就只需沿着心灵的召唤前进了。"

拥有成功的企图心你才可能成功。一颗奔腾不息的企图心，会为你的生活创造一个孕育动力的落差，时刻提醒你去奋斗，引导你去追求；时刻会激励你激情地工作和生活，让你感受使命的召唤；时刻为你点燃希望的心灯，哪怕是万丈深渊，你也要奋然前行。

（3）不怕拒绝　勇敢出击

有统计资料表明，现在日本有1.35万间麦当劳店，一年的营业总额突破40亿美元大关。拥有这两个数据的主人是一个叫藤田田的日本老人——日本麦当劳社名誉社长。藤田田1965年毕业于日本早稻田大学经济学系，1971年，他开始经营麦当劳生意。麦当劳是闻名全球的连锁速食公司，采用的是特许连锁经营机制。而藤田田当时只是一个才出校门几年、毫无资本支持的打工仔，根本不具备麦当劳总部所要求的"75万美元现款和一家中等规模以上银行信用支持"的苛刻条件。只有5万美元存款的藤田田，决意要不惜一切代价在日本创立麦当劳事业，于是绞尽脑汁东挪西借，但5个月下来，只借到4万美元。

于是，在一个春天的早晨，他西装革履满怀信心地跨进住友银行总裁办公室。藤田田以极其诚恳的态度，向对方表明了他的创业计划和求助心愿。在耐心细致地听完他的表述之后，银行总裁作出了"你先回去吧，让我再考虑考虑"的决定。

藤田田听后，心里即刻掠过一丝失望，但马上镇定下来，恳切地对总裁说了一句："先生可否让我告诉你我那5万美元存款的来历呢？"回答是"可以"。

"那是我 6 年来按月存款的收获，"藤田田说道："6 年里，我每月坚持存下 1/3 的收入，雷打不动，从未间断。6 年里，无数次面对过度紧张或手痒难耐的尴尬局面，我都咬紧牙关，克制欲望，硬挺了过来。有时候，碰到意外事故需要额外用钱，我也照存不误，甚至不惜厚着脸皮四处告贷，以增加存款。这是没有办法的事，我必须这样做，因为在离开大学的那一天我就立下宏愿，要以 10 年为期，存够 10 万美元，然后自创事业，出人头地。现在机会来了，我要提早开创事业。"

藤田田一气儿讲了 10 分钟，总裁越听神情越严肃，并向藤田田问明了他存钱那家银行的地址。

送走藤田田后，总裁立即驱车前往那家银行，亲自了解藤田田存钱的情况。柜台小姐说："他可是我接触过的最有毅力、最有礼貌的一个年轻人。6 年来，他真正做到了风雨无阻地准时来这里存钱。老实说，这么严谨的人，我真是要佩服得五体投地了！"

听完小姐介绍后，总裁大为动容，立即打通了藤田田家里的电话，告诉他住友银行可以毫无条件地支持他创建麦当劳事业。总裁在电话那头感慨万端地说道："我今年已经 58 岁了，再有两年就要退休，论年龄，我是你的两倍，论收入，我是你的 30 倍，可是，直到今天，我的存款却还没有你多……我可是大手大脚惯了。光这一点，我就自愧不如，敬佩有加了。我敢保证，你会很有出息的。年轻人，好好干吧！"

（4）坚持就是胜利

唐经与陈志是大学同学，他们读的虽然是中文专业，可他们却对经商有着浓厚的兴趣，两个人经常在一起谈论一些超出他们专业外的经商之道，来劲时甚至可以聊到凌晨两三点。2000 年 7 月，他们怀着各自的理想一起走出了校门。

唐经很快就被一家食品公司看上，成为一位业务员，负责向各个中小规模的零售店和超市推销他们厂的产品。经过了两天简单的岗前培训后，他就开始自己去跑市场。一个月下来，他没能完成任务，唐经第一次感受到了业务的不易、社会的残酷和竞争的激烈。第二个月，唐经改变了原有的方法，变换了新的途径，一个月下来，竟然能勉强完成了任务，他发现业务原来也可以这样来做，只要你会变通，就没有解决不了的问题。半年过去了，唐经的业务能力明显提高，被提升为业务经理。又过了半年，因为待遇问题，唐经跳槽了，在一家大型超市的招聘中，他顺利应聘为销售部主管。唐经只用半个月就熟悉了他的工作内容，同时更以他的经验和特有的锐气，使所负责的片区销售额有了新的提高，更得到部门经理的器重，在不到半年的时间里，他就成了销售部骨干之一。主管一职看起来虽然挺不错的，但实际上待遇不是很高，最后他还是选择了走人，用他的话说"我苦苦支撑了 8 个月，能得到的太少，没机会加薪、没机会晋升，我觉得很不值。"之后唐经陆续又找了几份工作，但没有一份做满一年，他很苦恼地自问着："到底什么样的工作才适合我？"

陈志直到毕业后的第三个月才找到工作，在一家汽车销售公司做销售顾问。第一个月陈志竟然一辆车都没卖出去，他很是苦恼。在接下来的一个月里，陈志一有机会就跟在老销售人员的旁边，"偷学技艺"。陈志的谦虚和热情给顾客留下了不错的印象，顾客有时也很乐意把自己的联系方式留给陈志，就这样陈志也积累了几个有购买意向的潜在顾客。第二个月陈志依然没能卖出一辆车。不过他的业务能力有了质的提高，而且，手上还积累了一定数量的潜在顾客。第三个月，他开始尝试性地给自己所积累的潜在顾客打电话。到了月终的时候，终于有一位顾客被陈志的热情和真诚所打动，买下了一辆。在接下来的日子里，虽然有时做得很艰难，但是陈志还是能完成每月的销售任务，甚至还有一个月成为销售冠军。很快两年过去了，他已由一个普通的销售人员晋升为销售主管，同时也以他的能力和实力得到了公司和顾客的认可。又过了两年，他再次得到了晋升，成为公司最年轻的部门经理。"这比我想象和设想的要好要快！"当他第一次坐在销售经理的位置时，轻轻说道。

毕业后的第四个年头，唐经和陈志又坐到了一起喝酒。唐经趁着酒劲，涨红着脸对陈志说："4年了，我不知道换了多少份工作，可每份跟我想象的都有出入，我只能不停地换。当初我所设想的零售业我没能做好，看好的通讯业也没能做久，到现在我真的不知道到底适合做哪行了！你说，这是为什么？"

陈志换了种正经的口吻说道："这是因为意志力！"

"意志力？"唐经不解地问。

"是的！当初我开始做这行时，我的目标就是要在3~5年内成为一名销售主管。但是在整个开始阶段我做得很艰难，我什么也不懂，无从下手，有很多次我都想要辞职，要换份工作，可是到最后我还是不甘心。"

"这和意志力有关系吗？"唐经反问。

"有的，其实在很多关键时刻你的意志力只表现在一念之差，小小的一念之差将会给你带来巨大的变化，这就是意志力！"陈志肃然说道。

在这么多真实生活的事例中，我们看到意志力在一个人甚至一个集体中所发挥的作用。在赞叹别人成功的同时，我们应该马上把目光投向自己。从实际出发，从小事做起。让意志力点滴积累起来，助成功一臂之力。最后送大家几句关于意志力的名言，来时常激励自己：

①在坚强的意志面前，一切都会臣服。——泰戈尔

②人们的毅力是衡量决心的尺度。——穆泰耐比

③意志与智慧两者是一个相同的东西。——斯宾诺莎

④伟大的人做事绝不半途而废。——维兰花

⑤只要有决心和毅力，什么时候也不算晚。——克雷洛夫

⑥意志引人入坦途，悲伤陷人于迷津。——埃·斯宾塞

⑦有了坚定的意志，就等于给双脚添了一双翅膀。——乔·贝利

（三）诚实是一把钥匙

1. 那些用诚实启动人生的人

诚信者，诚实而守信也。诚信，作为中国古代的道德规范，历来为人们所推崇和提倡。在中华民族几千年的文明史中，诚信始终作为一种"善德"为社会各阶层所推崇；诚信之光始终普照着人类从蒙昧走向文明，从农耕文明走向商业文明。

诚实是一把钥匙，只有它才能开启人生最富饶、最辉煌的宝库之门。这句话是一位名叫莫里的社会心理学教授说的。那么这么好的一把钥匙，如今的你拥有了么？

　　一位外国老人在临终之前，为我们提供了一份人生的答卷。这位名叫莫里的社会心理学教授，在 70 多岁的时候患上了一种叫做 AIS 的疾病。这种病从腿部神经麻痹开始，一点点地向上蔓延，直至使人不能呼吸为止。这是一种残酷的绝症，灵魂将眼睁睁地看着躯体一点点死去。但莫里决定带着尊严、勇气，平静地活了下来。

　　这一活，就是整整 12 年。

　　莫里老人在与病魔顽强的较量中，活到了 86 岁。老人临终前，许多媒体的记者都闻讯赶来，团团围在老人的病床边，都巴望着老人能够慷慨激昂地对媒体受众说点儿什么。那位老人到底说了些什么呢？如果你认为老人也会像影视作品中的那些所谓大英雄，临死还要对观众豪言壮语一番，那你可就猜错了。

　　面对着守候在病床边的亲友和翘首以待的媒体记者，老人语调平和地说，其实一个人在一生中最重要的，就是要学会如何施爱于人，并去接受爱。另外还有一点，就是要有同情心和责任感。而要做到这两点，你就必须拥有一颗诚实的心。诚实是一把钥匙，只有它才能开启人生最富饶最辉煌的宝库之门。他还说，如果你想对社会的上层炫耀自己，那就赶快打消这个念头，因为无论你如何炫耀，他们也照样看不起你；如果你想对社会的底层炫耀自己，那也请打消这个念头，因为你的炫耀，招惹来的只会是更多的嫉妒和流言蜚语。不要过分地在乎你现在的身份和地位，那往往会使你无所适从，找不到真正的自我。还是静下心来，摒弃那些浮躁虚无的东西，诚实地面对生活所向你展示的一切吧。

　　莫里的这番话坦诚朴实得让人感动，让人心生敬意。支撑他生命的是"诚实"二字，延续他生命的也是"诚实"二字。走正直诚实的生活道路，会有一个问心无愧的归宿。

诚信穿梭于我们文明古国的上下五千年，影响了一代又一代华夏儿女。让我们穿越到春秋末期的鲁国看一看：

母亲要到集市上办事，年幼的孩子吵着要同母亲一起去。母亲不愿带孩子去，便对他说："你在家好好玩，等妈妈回来，将家里的猪杀了，烧猪肉给你吃。"孩子听了，非常高兴，便不再吵着要和母亲一起去集市了。母亲说这话只是为了一时搪塞孩子的，过后她自己便把这事忘了。不料，孩子的父亲却真的把家里的一头猪给杀了。妻子看到丈夫把猪杀了，就说："我是为了让孩子安心地在家里等着我回来，才说等赶集回来把猪杀了烧肉给他吃的，你怎么能当真呢？"丈夫说："孩子是不能欺骗的，孩子年纪还小，不谙世事，只能学习别人的样子，尤其是以父母作为生活的榜样。今天你欺骗了孩子，玷污了他的心灵，明天孩子就会欺骗你、欺骗别人；今天你在孩子面前言而无信，明天孩子就不再会信任你，你看危害有多大呀！"

这个小故事里的父亲就是春秋末期鲁国有名的思想家、儒学家，孔子门生中七十二贤之一——曾参。他博学多才，而且十分注重修身养性，德行高尚。这就是曾参杀猪的故事，小小故事体现出人格的大魅力，不愧为七十二贤之一。

北宋词人晏殊，素以诚实著称。在他 14 岁时，有人把他作为神童举荐给皇帝。皇帝召见了他，并要他与 1000 多名进士同时参加考试。结果晏殊发现考试是自己 10 天前刚练习过的，就如实向真宗报告，并请求改换其他题目。宋真宗非常赞赏晏殊的诚实品质，便赐给他"同进士出身"。晏殊当职时，正值天下太平。于是，京城的大小官员便经常到郊外游玩或在城内的酒楼茶馆举行各种宴会。晏殊家贫，无钱出去吃喝玩乐，只好在家里和兄弟们读写文章。有一天，真宗提升晏殊为辅佐太子读书的东宫官。大臣们惊讶异常，不明白真宗为何做出这样的决定。真宗说："近来群臣经常游玩饮宴，只有晏殊闭门读书，如此自重谨慎，正是东宫官合适的人选。"晏殊谢恩后说："我其实也是个喜欢游玩饮宴的人，只是家贫而已。若我有钱，也早就参与宴游了。"这两件事，使晏殊在群臣面前树立起了信誉，而宋真宗也更加信任他了。

两件差点被误会的事情，都被晏殊诚实坦白了。在细节中，向众人树立了良好形象，也的得到了上司的认可。

接下来再让我们来比较一下立木为信与烽火戏诸侯这两个小故事：

春秋战国时，秦国的商鞅在秦孝公的支持下主持变法。当时处于战争频繁、人心惶惶之际，为了树立威信，推进改革，商鞅下令在都城南门外立一根 3 丈长的木头，并当众许下诺言：谁能把这根木头搬到北门，赏金 10 两。围观的人不相信如此轻而易举的事能得到如此高的赏赐，结果没人肯出手一试。于是，商鞅将赏金提高到 50 金。重赏之下必有勇夫，终于有人站起将木头扛到了北门。商鞅立即赏了他 50 金。商鞅这一举动，在百姓心中树立起了威信，而商鞅接下来的变法就很快在秦国推广开了。新法使秦国渐渐强盛，最终统一了中国。

而同样在商鞅"立木为信"的地方，在早它 400 年以前，却曾发生过一场令人啼笑皆非的"烽火戏诸侯"的闹剧。

周幽王有个宠妃叫褒姒，天生不爱笑。为博取她的一笑，周幽王下令在都城附近 20 多座烽火台上点起烽火——烽火是边关报警的信号，只有在外敌入侵需召诸侯前来救援的时候才能点燃。结果诸侯们见到烽火，率领兵将们匆匆赶到，当弄明白这是君王为博妃子一笑的花招后又愤然离去。褒姒看到平日威仪赫赫的诸侯们手足无措的样子，终于开心一笑。5 年后，西夷太戎大举攻周，幽王烽火再燃而诸侯未到——谁也不愿再上第二次当了。结果幽王被逼自刎，而褒姒也被俘虏。

一个"立木取信"，一诺千金；一个帝王无信，戏玩"狼来了"的游戏。结果前者变法成功，国强势壮；后者自取其辱，身死国亡。可见，"信"对一个国家的兴衰存亡都起着非常重要的作用。

诚实守信是中国固守的传统美德，但这种美好的品格在国外也是被奉行已久的。

在纽约的河边公园里矗立着"南北战争阵亡战士纪念碑"，每年有许多游人来祭奠亡灵。美国第十八届总统、南北战争时期担任北方军统帅的格兰特将军的陵墓，坐落在公园的北部。陵墓高大雄伟、庄严简朴。陵墓后方，是一大片碧绿的草坪，一直绵延到公园的边界、陡峭的悬崖边上。

格兰特将军的陵墓后边，更靠近悬崖边的地方，还有一座小孩子的陵墓。那是一座极小极普通的墓，在任何其他地方，你都可能会忽略它的存在。它和绝大多数美国人的陵墓一样，只有一块小小的墓碑。在墓碑和旁边的一块木牌上，却记载着一个感人至深的关于诚信的故事。

故事发生在 200 多年以前的 1797 年。这一年，这片土地的小主人才 5 岁时，不慎从这里的悬崖上坠落身亡。其父伤心欲绝，将他埋葬于此，并修建了这样一个小小的陵墓，以作纪念。数年后，家道衰落，老主人不得不将这片土地转让。出于对儿子的爱心，他对今后的土地主人提出一个奇特的要求，他要求新主人把孩子的陵墓作为土地的一部分，永远不要毁坏它。新主人答应了，并把这个条件写进了契约。这样，孩子的陵墓就被保留了下来。

沧海桑田，100 年过去了。这片土地不知道辗转卖过了多少次，也不知道换过了多少个主人，孩子的名字早已被世人忘却，但孩子的陵墓仍然还在那里，它依据一个又一个的买卖契约，被完整无损地保存下来。到了 1897 年，这片风水宝地被选中作为格兰特将军陵园。政府成了这块土地的主人，无名孩子的墓在政府手中完整无损地保留下来，成了格兰特将军陵墓的邻居。一个伟大的历史缔造者之墓，和一个无名孩童之墓毗邻，这可能是世界上独一无二的奇观。

又一个 100 年以后，1997 年的时候，为了缅怀格兰特将军，当时的纽约市长朱利安尼来到这里。那时，刚好是格兰特将军陵墓建立 100 周年，也是小孩去世 200 周年的时间，朱利安尼市长亲自撰写了这个动人的故事，并把它刻在木牌上，立在无名小孩陵墓的旁边，让这个关于诚信的故事世世代代流传下去……

我想无论是 100 年，200 年，甚至几百年过去后，这个无名小孩的陵墓都会保存的完好。大家都在默默地信守着承诺。诚信的力量随着时间的流逝会变得更强大。

早年，尼泊尔的喜马拉雅山南麓很少有外国人涉足。后来，许多日本人到这里观光，据说这是源于一位少年的诚信。

一天，几位日本摄影师请当地一位少年代买啤酒，这位少年为之跑了 3 个多小时。第二天，那个少年又自告奋勇地再替他们买啤酒。这次摄影师们给了他很多钱，但直到第三天下午那个少年还没回来。于是，摄影师们议论纷纷，都认为那个少年把钱骗走了。第三天夜里，那个少年却敲开了摄影师的门。原来，他在一个地方只购得 4 瓶啤酒，于是，他又翻了一座山，趟过一条河才购得另外 6 瓶，返回时摔坏了 3 瓶。他哭着拿着碎玻璃片，向摄影师交回零钱，在场的人无不动容。这个故事使许多外国人深受感动。后来，到这儿的游客就越来越多。

小男孩的诚信很单纯，单纯得让人心疼。可是他的诚信却让他国人敬佩，不经意吸引了很多游客。看完了这例小孩子信守承诺的事情，我们来看看大人们是如何做的？

如果你做错了，但你即使说明并改正了没有人会说你，相反，你做错了却不肯承认，也不更正，那么会有更多的人不信任你，你也会得不到大家的认可。

那些诚信的故事还有很多。以上事例足以向大家展现诚信的意义，以及它是这样开启成功大门的。

2. 谈诚信

诚，是先秦儒家提出的一个重要的伦理学和哲学概念，以后成为中国伦理思想史的重要范畴。信，也是中国伦理思想史的范畴。"信"的含义与"诚"、"实"相近。诚信是什么？从道德范畴来讲，诚信即待人处事真诚、老实、讲信誉，言必信、行必果，一言九鼎，一诺千金。在《说文解字》中的解释是："诚，信也"，"信，诚也"。可见，诚信的本义就是要诚实、诚恳、守信、有信，反对隐瞒欺诈、反对伪劣假冒、反对弄虚作假。

诚信的本质特征，要从以下几个方面来把握：

首先，诚信是一种人们在立身处世、待人接物和生活实践中必须而且应当具有的真诚无欺、实事求是的态度和信守承诺的行为品质，其基本要求是说老实话、办老实事、做老实人。诚信之诚是诚心诚意，忠诚不二；诚信之信是说话算数和信守承诺，它们都是现代人必须而且应当具备的基本素质和品格。在市场经济的条件下，人们只有树立起真诚守信的道德品质，才能适应社会生活的要求，并实现自己的人生价值。

其次，诚信是一种社会的道德原则和规范，它要求人们以求真务实的原则指导自己的行动，以知行合一的态度对待各项工作。在现代社会，诚信不仅指公民和法人之间的商业诚信，而且也包括建立在社会公正基础上的社会公共诚信，如制度诚信、国家诚信、政府诚信、企业诚信和组织诚信等。这就是说，任何政府和制度都要按照诚信的原则来组织和建构，亦需按照诚信的原则行使其职权。一旦背离了诚信的原则和精神，政府就会失信于民，制度就会成为不合理的包袱。

再次，诚信是个人与社会、心理和行为的辩证统一。诚信本质上是德性伦理与规范伦理或者说信念伦理与责任伦理的合一，是道义论与功利论、目的论与手段论的合一。如果说"诚"强调的是个人内心信念的真诚，是一种品行和美德，那么"信"则是诚这种内在品德的外在化显现，是一种责任和规范。在中国历史上，就有"诚于中而信于外"的说法。诚信不仅是一种道德目的，是人们应当具有的一种信念，而且也是一种道德手段，是人们应当承担的一种社会责任和谋取利益实现利益的方式。诚信，既可以是价值论和功利论的，又可以是道义论和义务论的。价值论和功利论的诚信观把诚信作为一种价值和实现目的的手段，认为人们如果不讲诚信就无法实现自身的发展和完善，也很难取得长久而真正的利益。道义论和义务论的诚信观则把诚信视为一种应尽的义务和内在的要求，认为人们讲求诚信是提升自身素质和实现全面发展的需要，讲求诚信哪怕不能带来物质上的利益，仍然是弥足珍贵的。我们主张在诚信问题上把道义论和功利论结合起来，既把诚信的讲求视为一种谋利和促进发展的手段，又把诚信的讲求视为一种神圣的使命和内在的义务，使诚信的讲求既崇高又实用，既伟大又平凡，这体现了中国传统文化所倡导的"极高明而道中庸"的价值特质。

总之，诚信是一切道德的根基和本原。它不仅是一种个人的美德和品质，而且是一种社会的道德原则和规范；不仅是一种内在的精神和价值，而且是一种外在的声誉和资源。诚信是道义的化身，同时也是功利的保证或源泉。

（1）诚信的功能和作用

在社会生活中，诚信不仅具有教育功能、激励功能和评价功能，而且具有约束功能、规范功能和调节功能。就个人而言，诚信是高尚的人格力量；就企业而言，诚信是宝贵的无形资产；就社会而言，诚信是正常的生产生活秩序；就国家而言，诚信是良好的国际形象。

第一，诚信是个人的立身之本。诚信是个人必须具备的道德素质和品格。一个人如果没有诚信的品德和素质，不仅难以形成内在统一的完备的自我，而且很难发挥自己的潜能和取得成功。程颢指出："学者不可以不诚，不诚无以为善，不诚无以为君子。修学不以诚，则学杂；为事不以诚，则事败；自谋不以诚，则是欺其心而自弃其忠；与人不以诚，则是丧其德而增人之怨。"（《河南程氏遗书》卷二十五）"诚"不仅是德、善的基础和根本，也是一切事业得以成功的保证。"信"是一个人形象和声誉的标志，也是人所应该具备的最起码的道德品质。孔子说："信则人任焉。""人而无信，不知其可也。"诚于中而必信于外。一个人心有诚意，口则必有信语；心有诚意口有信语而身则必有诚信之行为。诚信是实现自我价值的重要保障，也是个人修德达善的内在要求。缺失诚信，就会使自我陷入非常难堪的境地，个人也难于对自己的生命存在做出肯定性的判断和评价。同时，缺失诚信，不仅自己欺骗自己，而且也必然欺骗别人，这种自欺欺人既毁坏了健全的自我，也破坏了人际关系。因此，诚信是个人立身之本，处世之宝。个人讲求道德修养和道德上的自我教育，培育理想人格，要求以诚心诚意和信实坚定的方式来进行自我陶冶和自我改造。中国古代思想家强调"正心诚意"和"反身而诚"在个人道德修养中的地位和作用，认为修德的关键是有一颗诚心和一份诚意。诚意所达到的程度决定修德所能达到的高度，正可谓"精诚所至，金石为开"，"天下无不可化之人，但恐诚心未至；天下无不可为之事，只怕立志不坚。"所以，中国人特别强调"做本色人，说诚心话，干真实事"。

第二，诚信是企业和事业单位的立业之本。诚信作为一项普遍适用的道德原则和规范，是建立行业之间、单位之间良性互动关系的道德杠杆。诚实守信是社会主义职业道德建设的重要规范。诚实守信是所有从业人员在职业活动中必须而且应该遵循的行为准则，它涵盖了从业人员与服务对象、企业与员工、企业与企业、员工与员工之间的关系。企业事业单位的活动都是人的活动，为了发展就不能不讲求诚信。因为发展既蕴涵着组织本身实力和生存能力的增强与提升，又蕴涵着组织与组织、组织与外部以及组织内部各要素之间关系的优化与完善。无论是组织本身实力和生存能力的增强与提升，还是组织内外关系的优化与完善，本质上都需要诚信并且离不开诚信。诚信不仅产生效益和物化的社会财富，而且产生和谐和精神化的社会财富。在市场经济社会，"顾客就是上帝"，市场是铁面无私的审判官。企业如果背叛上帝，不诚实经营，一味走歪门邪道，其结果必然是被市场所淘汰。诚信是塑造企业形象和赢得企业信誉的基石，是竞争中克敌制胜的重要砝码，是现代企业的命根子。

第三，诚信是国家政府的立国之本。国家的主体是人民，国家的主权也归属于人民。中国古代政治伦理强调"民惟邦本，本固邦宁"，"民为贵，社稷次之，君为轻"，"得民心者得天下，失民心者失天下"，认为国家的领导者应当以诚心诚意的态度和方法去取信于民，进而达到人民安居乐业，国家太平清明。唐代魏征在给太宗皇帝的上疏中写道："求木之长者，必固其本；欲流之远者，必浚其源；思国之安者，必积其德义。"（《贞观政要·论君道第一》）治国之道，在于贵德崇义，而德义的主要内容则是诚信。柳宗元说："信，政之常，不可须臾去之也。"宋代司马光在《资治通鉴》中指出："夫信者，人君之大宝也。国保于民，民保于信。非信无以使民，非民无以守国。是故古之王者不欺四海，霸者不欺四邻。善为国者不欺其民，善为家者不欺其亲。不善者反之，欺其邻国，欺其百姓，甚者欺其兄弟，欺其父子。上不信下，下不信上，上下离心，以致于败。"以上言论说明诚信是领导者治理国家的基本准则，诚信构成国德，支配国运，没有诚信的国德就不能拥有长久而向上的国运。在现代社会，民主政治成为一种潮流和趋势，更要求把诚信作为治理国家的基本原则。政治的核心是权力。政治权力的历史形态是私权或集权，而民主政治下的权力是公权。公权意味着权力归人民所有，本质上是为人民服务的，权力的合法性来自人民的信任。失去人民的信任便失去了权力合法性的依据。我国是社会主义国家，建设高度的民主政治是社会主义政治文明建设的重要任务。

从哲学的意义上说，"诚信"既是一种世界观，又是一种社会价值观和道德观，无论对于社会抑或个人，都具有重要的意义和作用。

我们可以说，"诚信"的原则和精神，是促进社会主义市场经济健康发展的道德基石，它不仅对促进社会稳定繁荣、导正社会风俗、医治社会精神痼疾具有重要作用，而且对加强社会成员的个人道德涵养，提升全民族的文明素质，培养有知识、有作为、讲道德、守法纪的一代公民具有重要作用。它是立国、立业之本，也是个人安身立命的精神法宝。

（2）诚信与做人

在人与人交往中为什么要特别强调诚实守信？

诚实守信，简称诚信，是人际交往中重要的道德品质，在人的品德结构中居于核心地位。在目前的社会生活中，强调诚实守信至少有以下几方面的理由。

第一，从社会发展的角度来看，我国正处在向社会主义市场经济的转型时期，人们对经济利益的追逐日益强烈，而市场经济的法制建设则相对滞后。这样唯利是图、坑蒙拐骗的违法行为也大量滋生，其中最普遍的方式就是欺骗。由此导致人与人之间、个人与单位之间、单位与单位之间产生各种形式的不诚信行为，这些行为直接成为健全的市场经济的一种破坏力量。因此，加强诚信教育直接关系我国的经济发展和社会发展。

第二，从个人发展的角度来看，诚信不仅是个人的一种道德情操，也是孕育其他道德品质的基础。"诚"意味着诚实做人、诚实做事、不欺骗；"信"表明有信用、讲信誉、守信义、不虚假。诚信可以表现在生活的各个层面，小到不说谎话，大到忠诚自己的祖国，都是诚信的不同表现形式。其他的品质，诸如宽容他人、理解他人、平等待人、与人为善等，都离不开诚信作基础。

第三，青少年生正处在人生观、价值观、世界观形成的关键时期，强调诚实守信不仅有利于形成诚信的道德品质，也有利于其他道德品质的成长发展。通过一定时期的努力，不仅能够改善全民族的道德素质，也为经济的发展、民族的振兴提供道德上的保证。

青少年要做到恪守诚信，就要对自己讲的话承担责任和义务，言必有信，一诺千金。答应他人的事，一定要做到。同他人约定见面，一定要准时赴约。上学或参加各种活动，一定要准时赶到。要知道，许诺是非常慎重的行为，对不应办或办不到的事情，不能轻易许诺，一旦许诺，就要努力兑现。如果我们失信于人，就等于贬低了自己。如果我们在履行诺言过程中情况有变，以至无法兑现自己的诺言，就要向对方如实说明情况并表示歉意。总之，树立诚信就要从点点滴滴做起。

我们要继承和发扬恪守诚信的传统美德，还要把"江湖义气"与恪守诚信区别开来，认清"江湖义气"的实质和危害，不被这种旧社会遗留下来的不良习俗所污染，做到恪守诚信。

诚信，是做人处世的基本原则，又是治理国家必须遵守的规范，调节着人与人之间的关系，维系着社会秩序。

做人需要诚信，诚信赢得尊严；经商同样需要诚信，诚信赢得市场。

（3）诚信缺失的危害

孔子曰："人而无信，不知其可"。对个人而言，诚信乃立人之本，是做人处世的基本准则，是每个公民正确的道德取向。从修身的角度看，诚信是人内心升起的太阳，可以照亮自己，也可以温暖别人；诚信是一把金钥匙，可以打开人的心锁，也可以打开知识和财富的大门；诚信绽放着生命之美，生活因它而多姿，人生因它而多彩。对企业而言，诚信是其赖以生存的根本；对城市而言，诚信等同于它发展的机遇；对国家民族而言，诚信是其繁荣昌盛、自强自立的基础。而一旦诚信缺失，危害甚大。墨子云："志不强者智不达，言不信者行不果。"言一朝不信，人就会失掉立身之本，企业就会失掉生存之根，城市就会失掉发展之机，国家民族就会失掉兴盛之源。老子曰："轻诺必寡信，多易必多难。"诚信是市场经济持续发展的道德基础。一旦诚信缺失，社会上便会欺诈成风，市场混乱，道德沦丧，人心惟危。当今社会，假冒伪劣商品泛滥，假文凭假学历盛行，假政绩假数字屡禁不绝，信用欺诈防不胜防，假新闻假广告层出不穷，正是诚信缺失的具体表现。据悉，中国每年因为信用缺失而导致的直接和间接经济损失高达 5855 亿元，相当于中国年财政收入的 37%，中国国内生产总值每年因此至少减少两个百分点。由此可见，诚信的缺失，将会影响社会的发展，阻碍人类文明的进程。

3．做一个诚信的人

（1）现代诚信是对传统诚信的传承与超越

作为中华民族的传统美德，诚信和其他优秀文化传统一样，不同时代有不同的特点，每一个时代都会赋予它不同的内涵，都会为它打上政治、经济和阶级的烙印。作为一种道德规范，现代诚信既是对传统诚信的传承，又是对传统诚信的发展和超越。和传统诚信相比，现代诚信有如下特点：

一是调整社会生活的内容更为广泛。传统的农耕社会，是自给自足的自然经济。由于生产力发展水平的限制，交通落后，信息闭塞，人的活动范围很小，人与人之间交流的范围很窄，交往的频率很低。除了少数经商的人群外，社会生活的主体人群之间的交流一般是局限于亲戚、朋友和熟人之间。而诚信作为一种道德规范，它调整的是人与人之间的交流与交往，如果调整主体缺失，这种规范对社会生活的作用也就降价。曾子曰："与朋友交而不信乎？"《礼乐记》云："著诚去伪，礼之经也。"可见，在古代，儒家所推崇的"信"也多是朋友之"信"，在"修身，齐家，治国，平天下"的儒家大义中，"信"在很大程度上局限于"修身齐家"这一层面上。现代社会，社会生产力水平大大提高，信息畅通，交通方便，人类社会逐渐由农耕文明走向商业文明，人与人之间的交流范围扩大，交流的机会增多，交流合作的形式逐渐多样化，交流的对象也由熟悉的人群扩展到陌生的人群。特别是在全球一体化的今天，信息网络化，经济全球化，人与人之间，企业与企业之间，团体与团体之间，城市与城市之间，国家与国家之间交流与合作日益频繁。诚信这一道德规范所调整范围已扩展到社会生活的方方面面，小到熟人朋友的日常生活交往，大到国家政治经济组织之间的交往与合作。现代诚信已超越了传统意义的诚信，具有了更深广的内涵，已从"修身齐家"的层面扩展到"治国平天下"的层面。中国共产党"十六大"提出了实行依法治国和以德治国相结合的治国方略，其中"德"的重要内容便是"诚信"。

二是诚信缺失的危害更大。由于农耕文明时代人们的交流多限于亲戚朋友熟人之间，传统诚信只是居于"修身齐家"的层面，诚信的缺失往往是伤害亲戚朋友熟人的感情，失朋友之"义"，是个人修养的缺失，是道德取向的偏差，是人性的堕落。而现代诚信一旦缺失，不但个人失去立身之本，而且还会影响一个企业、一座城市、一个国家民族的生存和发展。一言足以兴邦，一诺岂止千金。一次金融诈骗，可导致上亿元的资金流失；

一纸合同不履行，会使一个企业破产；一言承诺失信，可使一个国家威信扫地。

据《中国青年报》的一次调查统计表明，在校学生中未说过假话的平均只有6.2%，其中，幼儿园小朋友占84%，小学生占51.3%，中学生占20.1%，大学生占0.48%。孩子的心灵本是一张洁白的纸，纯真无邪，净洁无瑕。随着接触社会，童心受到社会的玷污，诚信随着年龄的增长而变得匮乏，到大学阶段达到了诚实最低点。诚信是一种良好的品格，那么作为一名学生，我们应该如何去培养这种良好的品格呢？

坚持诚信守则

①坚持实事求是，是诚信做人的守则之一。

②在涉及利益冲突的问题时，诚信守则要求我们站在多数人利益一边。

③在眼前利益与长远利益冲突时，诚信守则要求我们站在长远利益一边。

④在情与法的冲突中，诚信守则要求我们站在法律一边。

拥有诚信的智慧

①我们对诚信的理解应与具体的情境结合起来，在现实生活中做出诚信的正确选择。坦然地面对，不做作。做真实的人，少说多做，诚实做人，踏实做事。

②对人诚实与尊重他人隐私。一方面，"以诚待人，以信交友"是人际交往的基本原则，我们应当恪守诚实的品德；另一方面，尊重隐私又是待人坦诚的前提，是维持良好关系、有效沟通的基础。

③做诚实的人就不应该撒谎。在特定的交往情境中，有时需要我们隐瞒事情的某些真相，说些"善意的谎言"。但这不是出于个人的"私利"，而恰恰是维护对方利益的需要，善意的谎言

并不违背诚实的道德。

④不轻易许诺。做承诺时要慎重，对于自己做不到的事情，要诚实地回答，礼貌地拒绝。要说到做到。俗话说，一言既出，驷马难追。答应别人的事情，尽自己最大的努力做到。重视自己做过的每一个承诺，即使是一件小事。

诚实的核心是善

诚实的核心是善，做一个诚信的人。心诚则灵。以一片赤诚之心，必能获得别人的信赖、理解、支持和合作，这是已被无数事实证明的真理。但这并不是意味着所有的赤诚都能够得到回报，这是因为一旦你看错了对象；或者对象虽可信赖，他一时还未能理解你的真心本意，还有疑心、戒备和不安的存在，都难以给出相应的回报。这就需要知人而交，不可盲目对任何人都一片赤诚。当别人还不了解你的时候，不要急躁不安，时间会证明你的诚意。

青少年，做一个诚信的人，从现在开始。

解·析
天才的产生

〈下〉

刘颖 ◎ 编著

中国出版集团
现代出版社

图书在版编目（CIP）数据

解析天才的产生（下）／刘颖编著. —北京：现代
出版社，2014.1

ISBN 978-7-5143-2097-8

Ⅰ. ①解… Ⅱ. ①刘… Ⅲ. ①成功心理 – 青年读物
②成功心理 – 少年读物 Ⅳ. ①B848.4 – 49

中国版本图书馆 CIP 数据核字（2014）第 008517 号

作　　　者	刘　颖
责任编辑	王敬一
出版发行	现代出版社
通讯地址	北京市安定门外安华里 504 号
邮政编码	100011
电　　　话	010 – 64267325　64245264（传真）
网　　　址	www. 1980xd. com
电子邮箱	xiandai@ cnpitc. com. cn
印　　　刷	唐山富达印务有限公司
开　　　本	710mm×1000mm　1/16
印　　　张	16
版　　　次	2014 年 1 月第 1 版　2023 年 5 月第 3 次印刷
书　　　号	ISBN 978-7-5143-2097-8
定　　　价	76.00 元（上下册）

目　录

第二章　天才产生的内在动因（下）

（四）养成良好的习惯

1. 习惯成自然

（1）什么是习惯

习惯是指长时期养成的不易改变的动作、生活方式、社会风尚等。事实上，广义的习惯不仅仅是动作性的、生活方式性的或社会风尚性的，还包括人类所有的优点。甚至包括"善良""仁爱"这样永恒的主题，也需要进行不断修炼，才会真正化为行动性的习惯。好习惯要在生活中培养、好习惯要在实践中培养，要抓住教育的关键期，培养好习惯，纠正坏习惯。

人们常说"习惯成自然"，其实是说习惯是一种省时省力的自然动作，是不假思索就自觉地、经常地、反复去做了。比如每天要刷牙、洗脸等。英国作家查·艾霍尔说过一段话："有什么样的思想，就有什么样的行为；有什么样的行为，就有什么样的习惯；有什么样的习惯，就有什么样的性格；有什么样的性格，就有什么样的命运。"

有一位禅师，带领一帮弟子来到一片草地上。他问弟子们，怎么可以除掉草地上的杂草。弟子们想了各种办法，拔、铲、挖等等。但禅师说，这都不是最佳办法。因为"野火烧不尽，春风只又生"。

什么才是最好的办法呢？禅师说：明年你们就知道了。

到了第二年，弟子再回来发现，这片草地长出了成片的粮食，再也看不见原来的杂草。弟子们才明白最好的办法原来是在草地上种粮食。

这是禅师的智慧——用粮食根除杂草。我们在培养习惯时，是否可从禅师那里领悟借鉴呢？答案当然是完全可以，我们从这个故事中可以明白：好习惯多了，坏习惯自然就少了。

习惯的养成，并非一朝一夕之事；而要想改正某种不良习惯，也常常需要一段时间。根据专家的研究发现，21 天以上的重复会形成习惯，90 天的重复会形成稳定的习惯。所以一个观念如果被别人或者是自己验证了 21 次以上，它一定会变成你的信念。

习惯的形成大致分成 3 个阶段：第一个阶段是头 1 ~ 7 天，这个阶段的特征是"刻意，不自然"。你需要十分刻意地提醒自己去改变，而你也会觉得有些不自然，不舒服。

第二个阶段是 7 ~ 21 天，这一阶段的特征是"刻意，自然"，你已经觉得比较自然，比较舒服了，但是一不留意，你还会回复到从前，因此，你还需要刻意地提醒自己改变。

第三阶段是 21 ~ 90 天，这个阶段的特征是"不经意，自然"，其实这就是习惯，这一阶段被称为"习惯性的稳定期"。一旦跨入这个阶段，你就已经完成了自我改造，这个习惯已成为你生命中的一个有机组成部分，它会自然而然地不停为你"效劳"。

一个人的习惯会作用一个人的一生，无论是好的习惯还是坏的习惯。好的习惯往往对我们的生活起到积极的作用，然而坏习惯则会常常反作用于我们的生活。因此，好的习惯要保持，坏的习惯要及时发现并制止。

好习惯要在生活中培养

日本教育家福泽谕吉说："家庭是习惯的学校，父母是习惯的老师。"事实正是如此。孩子习惯的养成主要在家里，父母应该注重在生活中培养孩子的各种良好习惯。

陶行知先生认为，各种知识和技能学习最好在生活中进行，习惯培养更应该如此。他在《生活教育》一文中写道："生活教育是生活所原有，生活所自营，生活所必需的教育。教育的根本意义是生活之变化，生活无时不变，即生活无时不含有教育的意义。因此，我们说'生活即教育'，到处是生活，即到处是教育；整个社会是生活的场所，亦即教育之场所……生活教育与生俱来，与生同去。出世便是破蒙，进棺材才算毕业……随手抓来，都是活书，都是学问，都是本领……自有人类以来，社会即是学校，生活即是教育。"

德国哲学家康德从小就在父亲的教育下养成了严谨的生活习惯。据说，他每天散步要经过镇上的喷泉，而每次他经过喷泉的时候，时间肯定指向上午7点。这种有条不紊的作风正是哲学家严密思维的根源。可见，良好的生活习惯对于一个人的成功起着积极的作用。

家庭是孩子成长的第一环境，是孩子习惯形成的摇篮，6岁前的儿童主要生活在家庭中，家庭生活对孩子的影响是非常重要的。

有一个小朋友叫阳阳，由于父母工作繁忙，阳阳从小就跟随爷爷奶奶生活，爷爷奶奶对阳阳非常宠爱。他们对阳阳总是照顾得无微不至。当阳阳进入幼儿园时，还不会独自上厕所，不会自己吃饭，不会自己睡觉……阳阳在生活中根本就没有学到良好的自理习惯！这时候，阳阳的父母才意识到问题的严重性，赶紧把阳阳接到家中，对阳阳进行生活习惯的训练。

由此可见，生活即教育，父母应该积极为儿童创造适宜的家庭环境，同时，父母应当经常在行为、举止和谈吐等方面给儿童一个最好的榜样，讲话时要注意礼貌、举止要文雅，表现出高尚的情操、道德行为和良好的习惯。如果能够经常这样以身作则，这种长期熏陶使儿童在潜移默化中得到最佳的教养，通过日积月累，让儿童的良好习惯在不知不觉中形成。

（2）好习惯要在实践中培养

在实践中养成习惯，要不断身体力行，使习惯成自然。陶行知先生的生活教育理论非常重视在做中学。因此，他主张在做中养成习惯，即在实践中养成习惯。他在《教育的新生》一文中写道："我们所提出的是：行是知之始，知是行之成。行动是老子，知识是儿子，创造是孙子。有行动之勇敢，才有真知的收获。"

叶圣陶先生认为，要养成某种好习惯，要随时随地加以注意，身体力行、躬行实践，才能"习惯成自然"，收到相当的效果。

那么究竟什么是"习惯成自然"呢？

叶圣陶是这样解释的："成自然就是不必故意费什么心，仿佛本来就是那样的意思。"他举例道："走路和说话是我们最需要的两种基本能力。这两种能力的形成是因为我们从小就习惯了，'成自然'了；无论哪一种能力，要达到习惯成自然的地步，才算我们有了那种能力。如果不达到习惯成自然的程度，只是勉勉强强地做一做，就说明我们还不具有那种能力。"

通常说某人能力不强，就是说某人没有养成多少习惯的意思。比如说张三记忆力不强，就是张三没有把看见的、听见的一些事物好好记住的习惯。说李四表达能力不好，就是说李四没有把自己的思想和感情说出来的习惯。因此，习惯养成得越多，那个人的能力就越强。做人做事，需要种种能力，所以最要紧的是养成种种的习惯。

良好学习习惯形成的过程，是严格训练、反复强化的结果。现代控制论创始人、美国著名数学家维纳，在回忆父亲对他早期学习习惯的严格训练时说："代数对我来说没有什么困难，可父亲的教学方法，使我们精神不得安宁，每个错误都必须纠正。他对我无意中犯的错误，第一次是警告，是一声尖锐而响亮的'什么'，如果我不马上纠正，他会严厉地训斥我一顿，令我'再做一遍'。我曾遇到不止一个能干的人，可是他们到后来一事无成。因为这些人学习松懈，得不到严格纪律的约束。我从父亲那里得到的正是这种严厉的纪律训练。"父亲严格的训练，终于使维纳养成了良好的学习习惯，以后成为誉满全球的科学巨人。

（3） 要抓住教育的关键期

自从奥地利动物心理学家洛伦兹发现动物行为发展的关键期，并荣获诺贝尔奖后，人类广泛地开展了对自身各种能力与行为的发展关键期的研究。

研究发现，孩子习惯的养成有一个关键期的问题。幼儿园和小学是培养生活习惯与学习习惯的关键期，而到了中学，就是改造习惯时期了。

在儿童时期养成的良好习惯，孩子可以受益终身；在儿童时期养成了坏习惯，就有可能终身受到伤害。因此，在养成习惯的过程中，一定要注意利用儿童的关键期。如果错过关键期，对习惯的改造将要比塑造艰难得多。抓住关键期进行习惯的培养，可以取得很好的效果。下表是一些儿童习惯养成的关键期。

年龄	2 岁	3 岁	3 岁半	4 岁	4 岁半	5 岁	5 岁半	6 岁
习惯	计数能力	规则意识	观察力	语言能力	交际能力	生活观念	思维能力	创造能力

要使孩子养成一种好习惯，父母一定要注意孩子第一次出现的行为。例如，孩子第一次骂人的时候，他并不是道德驱使，而是觉得好玩。这时候，孩子会观察父母或其他成人对自己行为的反应。如果成人的态度是冷淡的、严肃的，孩子就会明白："大人不喜欢我的这种行为。"由此，他会减少这种行为。如果这时有成人对孩子的行为表现出赞扬、夸奖或者高兴地笑等反应，孩子就会觉得自己的行为是受到成人喜欢的，由此，他会增加这种

行为出现的频率，从而养成不良的习惯。因此，父母一定要注意抓住教育的关键期来教育孩子。

（4）**好习惯要培养，坏习惯要纠正**

对于父母来说，要注意培养孩子的良好习惯，更要注意不要让孩子养成不良的习惯。因为坏习惯一旦养成，就具有自然的驱动力和心理惯性，有时候就算没有外部条件，习惯行为也同样可以做出。许多孩子有时候知道自己有不良的习惯，但是往往控制不住自己而重复不良的习惯。这时候，父母要帮助孩子抑制和纠正坏习惯。

2．如何培养各种良好的习惯

（1）**重视孩子生活习惯的培养**

培养良好的饮食习惯

青少年时期正处于生长发育的重要时期，需要大量的营养。现在生活条件好了，家长也都舍得为孩子健康投资，但孩子如果没有好的饮食习惯，不好好吃饭，花再多的钱又有什么用呢？为此，我们要重视孩子饮食习惯的培养，如：愉快地进餐，正确使用餐具，吃饭定时定量，细嚼慢咽，不挑食不偏食，不边吃边玩，不贪吃零食等。

具体要注意的是：在吃饭时不要让孩子边吃边玩或者边吃饭边看电视，那样对消化不好；也不要用许诺法（讲条件）让孩子吃饭，容易使孩子形成不讲理、乱花钱、任性等不良习惯；不能让孩子挑食偏食,家长自己也不要挑食,样样都吃;吃饭时不要过于责怪、批评甚至吓唬孩子,以免孩子情绪紧张影响食欲;饭前不要给孩子吃零食,更不要无限量给孩子吃零食。这样才能保证孩子的营养平衡、身体健康。

培养良好的睡眠习惯

睡眠是生长发育、尤其是神经系统发育的必要条件。在孩子的幼儿时期,神经系统还没发育完善,神经细胞容易疲劳,而大脑又处在发育最快的阶段,睡眠能够消除神经细胞的疲劳,对大脑起到保护作用。睡眠时人体会分泌生长激素,促进人体长高,又能使幼儿身体的各个部位得到充分的休息。孩子睡眠充足,精力充沛,食欲好,表现活泼快乐,智力活动提高,也就是我们说的反应快,思维敏捷、聪明。因此保证孩子充足的睡眠时间有利于促进孩子的身心健康,孩子的睡眠时间与年龄有关,年龄越小睡眠时间越长,3－6岁的孩子每天应睡12小时左右,分两次,一次是夜里,一次是午睡。当然孩子之间也有一定的个体差异,所需的时间略有不同,主要以孩子白天的精神状态好、情绪好为准。

培养要求主要是:按时睡觉、自己独睡。睡觉有规律,能保证孩子的睡眠时间,早晨起床也有规律,不会睡懒觉,也不会因为没睡醒而影响学习、耽误家长上班等。孩子独睡一则有利于养成好的睡眠姿势,室内空气好,二则有利于培养孩子的独立意识和生活自理能力。

(2) 重视孩子卫生习惯的培养

孩子抵抗疾病的能力较差,容易得各种疾病。培养孩子良好的个人卫生习惯，不仅有利于孩子防病保健康，而且有利于生长发育。孩子经常生病，大人辛苦孩子发育不好。培养孩子良好的卫生习惯主要重视平时，重点做好"四勤、四要、四不要"。

四勤：勤剪指甲，勤洗头理发，勤洗澡换衣，勤漱口刷牙。

四要：早晚要洗脸，饭前便后要洗手，睡前要洗脚，生吃瓜果要洗净或削皮。

四不要：不喝生水，睡前不吃零食，冬天不蒙头睡觉，平时不挖鼻孔和耳朵。

另外，家长要注意给孩子合理穿衣，不要太多，有些孩子体质较差，经常感冒生病，对于这些孩子，家长不要因孩子生病就给他多穿衣服，这样反而不好，因孩子稍微运动一下就出汗，更易感冒，有的家长提出不要让孩子"玩"，这样对孩子的生长发育不好，也不是解决问题的好办法，长期下去只能使孩子自身的疾病抵抗力更差。再有，家长尤其是爷爷奶奶不要对孩子过于包办，要让孩子自己穿脱衣服、鞋袜等，不要怕孩子动作慢，穿不好，过多的包办代替使孩子的依赖性越来越强，生活自理能力越来越差。

（3）重视孩子学习习惯的培养

学习习惯对一个人的发展是非常重要的，良好的学习习惯和强烈的学习兴趣比"知识储备"更为重要，具体可从以下3个大方面着手：

培养做事有始有终的习惯

有的孩子平时做事不专心，一会玩玩具，一会儿要看书，三心二意。这种习惯不好，我们应该注意。一定要让孩子完成一件事后再做其他，如果在做这件事时确有困难孩子无法独立完成，那么家长可适当指导帮助一下，让他形成有困难要想办法解决的意识，而不是有困难就放弃。要培养孩子做事有恒心的好习惯。

培养孩子倾听习惯

有的孩子大人与他说话，只顾自己玩；老师上课或小朋友回答问题时，总是抢嘴或在下面讲废话、做小动作，不好好听，问他刚才教师（或同伴）说什么一问三不知，或似懂非懂，这样的习惯如不及时纠正对孩子以后的学习不好，所以平时我们跟孩子讲话时要让孩子的眼睛看着自己，不能三心二意，漫不经心。开始时要多提醒，时间长了孩子就会形成专心听讲的好习惯，上学后也会专心听课，就能很快掌握教师所教的知识。

培养孩子良好的看书习惯

看书习惯对孩子的发展很重要，平时家长要注意培养孩子看书的兴趣和习惯，一开始孩子不会看书，大人要指导孩子看书，提醒孩子一页一页仔细看，如：看看图上有谁、在什么地方、在做什么？边看边跟他讲书，慢慢地大人小孩各自看，看后互相交流书上内容，逐渐地以孩子讲为主，这时大人要多鼓励表扬。孩子有了看书的兴趣，对他以后的学习帮助非常大，有利于提高孩子以后的语文写作、分析、理解能力等，并对以后的工作也大有好处。当然为孩子选购的书要合适，内容健康，有一定的教育意义；图书的色彩漂亮、美观，文字与图画比例要恰当，另外要培养孩子自己管理图书。给孩子准备一个放书的地方，有条件的可做个书柜或书架，每次让孩子看完书后自己放好，形成自己的书自己整理的习惯。

让孩子养成良好的学习习惯，还可以借鉴下面这些具体的方法：

培养孩子按计划学习的习惯。首先应指导孩子制订一个详细的学习计划。孩子的学习计划包括每天的时间安排、考试复习安排和双休日、寒暑假安排。计划要简明，什么时间干什么，达到什么要求。每天的学习计划安排，星期一至五除了上课之外，要把早自习和放学回家以后的时间安排好。早自习可以安排背诵、记忆基础知识、预习等内容，放学回家主要是复习、做作业和预习。此外，还应该让学生有玩的时间和劳动的时间。周六和周日应安排小结性复习、做作业、劳动、文体活动、课外兴趣活动和上网查阅资料等。内容不可排得太满，否则影响效果。寒暑假时间较长，除了完成假期作业之外，还要安排孩子参加一些课外阅读活动和文体活动。有的孩子学习吃力，应利用假期补习一两门功课。订计划要发挥孩子积极性，家长不能代替，应该提出指导性意见。计划订好后应督促学生严格执行计划，不能订完计划放在一边，也不能"三天打鱼，两天晒网"。另外，计划可以根据需要随时调整。

培养孩子专时专用、讲求效益的习惯。不少孩子，学习"磨"得很，看书、做作业，心不在焉，时间耗得很多，效果不好。其原因就是没有养成专时专用、讲求效益的习惯。孩子学习，应该速度、质量并重，在一定时间内，按要求完成一定数量的学习任务。这既要教师随时督促，更需要孩子经过严格训练。由于孩子年龄不同、个性有异，每次能够集中精力学习的时间长短不一。因此要因人而异，要从实际出发提出要求。比如小学一二年级的学生，每次学习时间以 20 分钟左右为宜，以后逐渐延长。开始，孩子往往不会掌握时间，可以进行必要的督促。使孩子学要学个塌实，玩要玩个痛快。平时，可以教孩子给自己提出学习内容的数量和质量要求，一坐到书桌前，就进入适度紧张的学习状态。每次学习之后，要评价自己做得如何，及时总结。这样坚持下去，学生就能形成专时专用的习惯。

培养孩子独立钻研、务求甚解的学习习惯。最忌讳一知半解、浅尝辄止。要想学习好，必须养成独立钻研、务求甚解的习惯。怎样培养这方面的习惯呢？

方法一：鼓励孩子刨根问底。在日常生活中，孩子对许多问题总爱刨根问底，这是好奇、求知的表现，说明孩子爱动脑子。父母切切不可嫌孩子嘴贫，冷漠对待。最好跟孩子一块儿刨根问底，能解决的自己解决，不能解决的请教老师同学或者查阅资料解决。这样还可以培养不耻下问的习惯，同时增强与同学间的交流。

由于学习任务多，孩子往往满足于知识是什么，很少问几个"为什么"。这时，不妨教给孩子每天学习之后，给自己提一个、两个"为什么"的问题，动脑筋去思考，想出合理的答案。

方法二：鼓励孩子一题多解。许多题目，常常不止一种答案，一种解法。学生在完成作业时，往往只写一种。遇到这种情况，父母可以引导孩子想一想，还有没有别的答案，别的方法。时间允许，可以写在另外的纸上或本上。这样，既可以培养孩子问问题的习惯，还可以培养学生的求异思维能力，一箭双雕。

培养孩子善于请教的习惯。善于请教是一种好习惯。善于请教的前提是善于思考、善于提出问题。提问题总是要讲质量，翻开书本就能解决的，最好自己解决。有些疑难问题，如果自己有尝试性答案，带着答案去请教，会收获更大。学问、学问，既要学，又要问。有的孩子上课不敢问，下课也不敢问。对这样的孩子，父母要多多要鼓励他突破第一次，几次之后，就敢提问了。

培养孩子查阅工具书和资料的习惯。现代社会，科学技术日新月异，信息技术飞速发展。要适应信息社会的需要，必须培养孩子查阅工具书和资料的习惯。工具书和资料是不会说话的老师。除了一般的字典、词典之外，各门学科都有专门的工具书。父母根据老师的要求去指导孩子选择、利用工具书。遇到生字、生词和不懂的问题，多多请教老师。让孩子把工具书当成良师益友，掌握查阅搜集资料的方法。这方面习惯养成了，终生受益。以上谈了几种学习习惯，仅供参考。父母要联系孩子的实际情况有针对性地进行教育培养。那么，能不能给学生提出符合实际的合理的要求，能不能认真地进行督促引导，能不能持之以恒而不半途而废，就是对父母教育意识和教育方式、方法的考验了。

发挥"三结合"优势，培养学生良好的习惯。当然，培养学生的良好习惯并不只是父母两个人的事，社会、学校、家庭都也是儿童生存、学习、成长的环境。他们都对学生行为习惯的养成起着至关重要的作用。三者之间如果有不同的价值取向，行为标准，教育目的都会影响学生的思想，从而影响学生良好行为习惯的养成。在这三者中，学校作为专门的教育机构，有明确的教育目的，有确定的教育内容，有一大批受过专门训练，懂教育、懂学生心理，知识丰富，有经验的教师，他们的教育思想明确，教育手段集中，在对学生的教育中起主导作用；家庭是儿童教育的第一课堂，父母及家庭血缘关系的影响，使家庭教育更具有亲和性与权威性，同时也具有先入性、基础性；家庭教育与儿童的成长同步，因此，家庭教育更有持续性与稳定性。另外，家庭教育以言传身教、情境影响为主，更具有感染性和潜移默化的优势，在儿童的教育中起重要的作用。而社会则是通过新闻传媒、社会风尚、意识形态、人际交往等各种形式，对青少年的行为实施多渠道、多方位、多层次、多形式的影响，在儿童的成长过程起着全面的影响作用。因此，培养学生良好的行为习惯，需要学校、社会、家庭三方面共同努力、紧密配合。要注意教育思想、教育目的的一致性。只有这样，才能促进学生养成良好的行为习惯。

（4）重视孩子阅读习惯的培养

如何培养孩子的阅读兴趣，使读书成为他们的一种习惯，家长责无旁贷。

营造良好的读书氛围。营造书香家庭，首先为孩子读书提供必要条件。如：可以设置一个书房，或在卧室内专门空出一个让孩子看书的地方，使他们能静心读书。除了孩子独立阅读外，父母还可经常与他们在"书房"里一起读书，耐心倾听孩子的感悟、复述他认为有趣的情节和内容，交流读书体会，让孩子感受到读书的快乐。这样能使孩子体验到"书房"的温暖，进而对读书产生亲切感、兴趣感和依恋感。

经常带孩子上图书馆或书店。家长可有计划带孩子去图书馆或书店，让他们感受书海的浩瀚和知识的无穷。每个星期或每两个星期带孩子去图书馆选择借阅一些适合孩子看的书籍，以增加阅读量，扩大他们的知识面。定期带孩子去书店让他们选购一些喜欢的书，也是培养孩子爱书、读书的好方法。但购买时，要给孩子挑选的部分自主权，不应完全以家长的兴趣抉择。

成立一个家庭读书会。读书会可以家庭成员为主，也可邀请孩子要好的朋友一起参加。聚会时，可以诵读书中的精彩片断，可以谈论书目中的故事梗概，还可以交流心得体会，但要注意尊重孩子的角色地位。有条件的家庭，在家人过生日或亲友聚会时，可以让孩子吟诵两首有韵律的经典诗歌，他人进行点评。全家外出旅行，也可趁着途中的雅兴，写一首（篇）记录途中的种种趣事的诗文，共享读书作文的快乐。此外，孩子过生日，可以书为礼物，在他们最快乐的时刻，送去最珍贵的祝福。

读书对于思想犹如运动对于身体，运动使人健壮，读书使人贤达。高尔基曾说过："读书愈多，精神就愈健壮而勇敢。"让我们从自身做起，从每个家庭做起，教育孩子多读书、读好书，从中汲取营养、滋润心田、丰富情感、陶冶情操。让读书成为我们人生的需要，更要成为孩子成长的需要。

（5）重视孩子文明礼貌和尊敬长辈的培养教育

讲文明、有礼貌、敬老爱幼是中华民族的美德。为此，我们平时要重视教育，在生活中注意孩子的一言一行，如亲戚朋友来家里，要让孩子主动问好，在路上碰到要打招呼，到学校要向老师问好，放学说"再见"。现在家里都有电话，孩子也都喜欢接打电话，这时可教孩子有礼貌地接听电话，如：您好，找谁？请等一下。您好，请问××在家吗？对不起，您打错了。平时在公共场所要培养孩子不乱丢果壳纸屑，在家要尊敬老人，多体谅、多关心，帮助老人做些力所能及的事，如：捶捶背、搬个椅子、端杯水，自己的事尽量不麻烦老人等。当然要让孩子做到的，家长首先要做到，要以身垂范，给孩子做出好榜样。

　　培养孩子的行为习惯，家庭中的每个成员对孩子的要求都要一致，尤其是爷爷奶奶和爸爸妈妈间的要求必须一致，如要求孩子不随便吃零食，有好吃的东西要分给大人吃，不可以独占，爸爸妈妈这样要求，爷爷奶奶也要这样要求，不能惯着孩子，不能孩子要吃就给他吃，或孩子一哭就迁就他，小孩分东西，爷爷奶奶不要舍不得吃，更不要仍留给孩子，当孩子做错事爸爸妈妈一人在批评时其他人不能当面庇护，因为当面庇护不但不能使孩子养成好的习惯，反而容易使孩子形成"二面性"甚至撒谎的坏习惯。

（五） 感恩的心

我来自偶然，像一颗尘土
有谁看出我的脆弱
我来自何方，我情归何处
谁在下一刻呼唤我

天地虽宽，这条路却难走
我看遍这人间坎坷辛苦
我还有多少爱，我还有多少泪
要苍天知道我不认输

感恩的心，感谢有你
伴我一生，让我有勇气做我自己

感恩的心，感谢命运

花开花落，我一样会珍惜

……

《感恩的心》，这是让听者感动落泪的歌曲，这是让世人如同沐浴春风的旋律。这是永远不会过时的歌，因为它所传唱的精神永远需要在时代里高扬。

这是一首感人肺腑的手语歌，与其说这首歌的歌词和旋律凄婉动人，不如说这首歌的由来与内涵更催人泪下，激人奋进。感恩是构建和谐社会的基础，和谐社会离不开感恩，感恩教育应该从孩子抓起，因此《感恩的心》便应运而生。在《感恩的心》这首歌背后，有着一个动人的故事。

有一个天生失语的小女孩，爸爸在她很小的时候就去世了。她和妈妈相依为命。妈妈每天很早出去工作，很晚才回来。每到日落时分，小女孩就开始站在家门口，充满期待地望着门前的那条路，等妈妈回家。妈妈回来的时候是她一天中最快乐的时刻，因为妈妈每天都要给她带一块年糕回家。在她们贫穷的家里，一块小小的年糕都是无比的美味呀！

有一天，下着很大的雨，已经过了晚饭时间了，妈妈却还没有回来。小女孩站在家门口望啊望啊，总也等不到那熟悉的身影。天，越来越黑，雨，越下越大，小女孩决定顺着妈妈每天回来的路自己去找妈妈。她走啊走啊，走了很远，终于在路边看见了倒在地上的妈妈。她使劲摇着妈妈的身体，妈妈却没有回答她。她以为妈妈太累，睡着了。就把她的头枕在自己的腿上，想让妈妈睡得舒服一点。但是这时她发现，那双眼睛没有闭上！小女孩突然明白：妈妈可能已经死了！她感到恐惧，拉过她的手使劲摇晃，却发现手里还紧紧地握着一块年糕。她拼命地哭着，却发不出一点声音。

雨一直在下，小女孩也不知哭了多久。她知道妈妈再也不会醒来，现在就只剩下她自己。那眼睛为什么不闭上呢？是因为不放心女儿吗？她突然明白了自己该怎样做。于是擦干眼泪，决定用自己的语言来告诉妈妈她一定会好好地活着，让妈妈放心地走。小女孩就在雨中一遍一遍用手语"唱"着这首《感恩的心》，泪水和雨水混在一起，从她小小的却写满坚强的脸上滑落。就这样，小女孩站在雨中，不停歇地唱着，一直到那双眼睛终于闭上。

想象着故事描述的画面，我们的心久久不能平静。"感恩"是一个人与生俱来的本性，是一个人不可磨灭的良知，也是现代社会成功人士健康性格的表现。一个人连感恩都不知晓的人，必定是拥有一颗冷酷绝情的心。在人生的道路上，随时都会产生令人动容的感恩之事。且不说家庭中的，就是日常生活中、工作中、学习中有人给予的点点滴滴的关心与帮助，都值得我们用心去记恩，铭记那无私的人性之美和不图回报的惠助之恩。感恩不仅仅是为了报恩，因为有些恩泽是我们无法回报的，有些恩情更不是等量回报就能一笔还清的，惟有用纯真的心灵去感动去铭刻去永记，才能真正对得起给你恩惠的人。先天在某方面十分有天赋的人不能叫做天才，不仅有才华，而且还懂得人情世故的人才可以称为真正的有才之人。即使真正的所谓天才，也需要去感恩上苍带给他异于常人的禀赋。懂得感恩，我们才会懂得生活，才能懂得生命的真谛，感受生活的幸福和生命的快乐。

1. 要学会感恩父母

孟郊在《游子吟》中写道：慈母手中线，游子身上衣。临行密密缝，意恐迟迟归。谁言寸草心，报得三春晖？字里行间流露着母子深情，字字句句倾诉母爱之魅力。我们如今正沐浴着母爱织成的阳光，吮吸着充满母爱的琼浆玉露。母爱伟大，父爱亦然，父母给予我们的是他人所不能及的无私的爱。

父母的苦不是我们所能想象出来的！多少次，深夜里他们将我们送入医院；多少次，风雨中他们盼望着我们赶快回家；多少次，月光下他们给我们讲做人的道理。看着父母那爬满岁月的额头，看着那饱尝雨露风霜的脊背，看着那饱经艰难困苦的丝丝白发，顿时，我们的心忽然多了点分量，变得沉甸甸的。一种莫名的泪淌下面颊，那是亲情的呼唤。父母给予我们这个世界上唯一的最宝贵的生命，哺育我们成长，教育我们长大。没有父母便没有我们。

在我们成长的过程中，无论生活多么艰难，无论遇到多少坎坷，每时每刻我们都能感受到父母的那份不求回报的爱。因为这份爱是无私的，因而比我们的生命更伟大。每每一人独处，回想起父母那充满深情的一句句叮咛，充满牵挂的一句句嘱托，涌动在心底的幸福和骄傲，让我们更加坚定更加坚强。父母对我们的爱，年少时我们不懂，而等我们懂得时又常常忽略。长大后，生活中迫于工作压力处于忙碌中的我们，经常会使用暴躁的语气和尖刻的语言，用极不耐烦的态度给这份天底下最无私最伟大的爱蒙上一层阴影，能够承受这份粗暴和这种伤害，并宽容这种无礼行为的，仍然是我们年事已高的父母。事后，在你十分懊悔的时候，你会再次听到那轻轻的充满关爱的话语。

能够享受父母的爱，应该是世界上最幸福的人。每次听到《常回家看看》这首歌曲的时候，好多人都会情不自禁地泪流满面，为自己曾经很不得体的言行和态度深深自责。其实，父母在对待我们的问题上除了奉献别无所求。我们面对最敬爱的父母，完全可以从最细小的事情上做起，在力所能及的情况下，把自己的一份感恩、一份尊敬、一份关爱奉上。

现在的我们仍是学生，能给予父母的并不多，好好学习是我们能给他们的唯一的回报，优异的成绩是能给他们的最好的精神慰藉。看到自己的孩子学有所成，父母才会感到他们的付出值得，他们的辛苦没有白废。当我们嬉戏于课堂之上，玩耍于操场，我们的父母却正为我们高昂的学费而不辞辛苦地奔波着。我们要懂得报答父母的养育之恩，我们要珍惜父母的深情。

当我们走上工作岗位，无论公务多么繁忙，应酬多么重要，每周至少有一顿饭，是应该坚持回家陪伴父母一起吃的。在那时，你会从他们慈祥的眼神中，感受到他们的欣慰和满足。尽管我们不能给父母富足的物质生活，但我们也决不能让父母在失落中生活。每天一个电话、一句问候，我们可以做到；天冷了，给节俭惯了的父母添件御寒的衣服，我们可以做到；很多简单细小的事情，我们都可以做到。

一本教育孩子感恩父母的书告诉我们，我们应该这样做：

①了解父母各个方面（如：爸爸妈妈的工作是什么？辛苦吗？爸爸妈妈最喜欢吃的食物是什么？你了解爸爸妈妈的身体健康状况吗？你爸爸妈妈的生日是哪一天，等等）。

②尊敬父母，对父母有礼貌，听从父母的正确教导，不当面顶撞父母，不对父母发脾气。

③生活节俭，无浪费现象，不乱花钱，不向父母提过高的要求。

④帮父母做力所能及的家务，减轻父母负担。

⑤有心事主动和父母说，经常与父母聊天，多和父母沟通。

⑥碰到一些比较重大的事情要和父母商量，征求和认真考虑父母的意见。

⑦外出时，在征得父母同意后，应把去向和时间告知父母。

⑧努力学好各门功课，经常主动向父母汇报自己在学校的学习生活情况，不让父母操心。

⑨父母亲有做得不对的地方要诚恳地指出。

当你嫌弃你的父母时，读读下面的诗：

我的孩子：

哪天，

如果你看到我日渐老去，

反应慢慢迟钝，

身体也渐渐不行时，

请耐着性子试着了解我，理解我；

当我吃的脏兮兮、

甚至已不会穿衣服时，

不要嘲笑我，

耐心一点儿；

记得我曾经花了多少时间教你这些事吗？

如何好好地吃，好好地穿，

如何面对你的生命中的第一次；

当我一再重复，

说着同样的事情时，

请你不要打断我

听我说。

小时候，

我必须一遍又一遍地读着同样的故事，

直到你静静地睡着；

当与我交谈时，

忽然不知道该说什么了，

给我一些时间想想。

如果我还是无能为力，

不要紧张。

对我而言重要的不是说话，

而是能跟你在一起；

当我不想洗澡时，

不要羞辱我，

也不要责骂我，

记得小时候我曾经编出多少理由只为了哄你洗澡吗？

当我外出，

找不到家的时候，

请不要生气。

也不要把我一个人扔在外边，

慢慢带我回家，

记得小时候我曾经多少次因为你迷路而焦急地找你吗？

当我神智不清，

不小心摔碎饭碗的时候，

请不要责骂我。

记得小时候你曾经多少次将饭菜扔到地上吗？

当我的腿不听使唤时，

请扶我一把，

就像我当初扶着你踏出你人生的第一步；

当哪天我告诉你我不想再活下去了，

不要生气，

总有一天你会了解，

了解我已风烛残年来日可数。

有一天，

你会发现，

即使我有许多过错，

我总是尽我所能给你最好的；

当我靠近你时，

不要觉得感伤、生气或埋怨，

你要紧挨着我，

如同当初我帮着你展开人生一样。

了解我，帮我，

扶我一把。

用爱和耐心帮我走完人生。

我将用微笑和我始终不变的爱来回报你；

我爱你，

我的孩子！

可怜天下父母心！

终于有一天，

父母去世了，

突然你想起了

所有从来没做过的事，

它们像榔头般痛击着你的心。

如果父母仍健在，

那么别忘了比以往任何时候都更深地爱着他们；

如果他们已经不幸永远离开了你，

那么你必须记得，

父母的爱才是天底下最无私的爱！

可以感恩父母的行为有很多，在此就不一一例举。我们已不是小孩子，已懂得感恩父母从点滴关怀开始。最后还要记住：时常对父母说声："谢谢！"生活是艰难的，生命都是短暂的。谁在攀比中生活，谁就是痛苦的；谁在感恩中生活，谁就是快乐的。不要等一切都来不及时再去懊悔自责，让我们在父母有生之年，用我们的孝心，共同给我们饱受生活磨难的年迈的父母送上一份快乐和一份幸福吧！

2. 要学会感恩老师

如果黑板是大海，那么老师是海上的水手，教鞭就是老师的桨，划动那只泊在港口的船只，老师的手势生动优美，如一只振翅翱翔的雄鹰，在辽阔的天宇划出一条漂亮的弧线，遥远的天边飘来一片云，犹如老师晶莹剔透的心，一派高远，老师的惊鸿一瞥，执掌起满天晚霞。

一支粉笔，三尺讲台，留下的永远是老师含辛茹苦的身影。滴滴汗水，点点心血，印在老师脸上的始终是呕心企盼的神情。一个人一生之中最大的幸福不是纸醉金迷声色犬马，不是和爱人耳鬓厮磨，醉卧温柔之乡，而是遇到一个知识渊博，品行高尚的老师。

鲁迅遇到了藤野先生。魏巍不能忘怀蔡芸芝先生。达·芬奇更加感谢教他画蛋技巧的弗罗基俄。我更听见一个来自遥远的声音，那是戴维的声音："我一生中最大的发现是法拉第。"也许三毛是不幸的，初二时，数学老师的体罚让她走上了休学的道路。但许多年后，三毛说："一直到现在，我的数学老师都是改变我命运的人，我十分的感激他，要不是当年他的体罚，我不会走上今天的路。"说这番话时，她已经经历了世事沧桑，人海沉浮，显得冷静而达观。

老师是先活在我们的眼睛里，而后才活在我们的心里的。要把学生们目光之中的怀疑、猜测、挑剔变成心目中的信任、尊敬和爱戴，并不是一件轻松的事情。"传道，授业，解惑"包含着多少的苦涩和艰辛啊！

或许有一天，他教给我们的知识已随着时光的流逝而被淡化了，但是他的人格魅力在我们心中却是永恒的。当我们在心灵一隅为您开辟出一片圣洁之地时，我们又有了一个新的人生偶像了。

师者，如夕阳，伟大而正直，光明磊落，襟怀坦荡，它不因转瞬即逝而沮丧，更不要求人们的回报。残阳，最能说明过去的无私和风烛残年对大地的痴情，而你是否总是徜徉在霜笼月罩的林间，驻足眺望，目光沉静而悠远。迟暮之年，仍以一样的激情培育国之栋梁，不居功自傲，不养尊处优，心中永远升起不老的太阳，你不就是永远的夕阳吗？正如一位教师说的那样："人就应该像蜡烛一样，从头到脚都是光明的。"我似乎看到了克拉玛依 36 名大火中的亡灵的心在搏腾跳跃。你总是用真诚的热情去感化冰冻的心灵。你也有无奈的时候，但耕耘的时钟不会因此而停摆，哪怕看不到生命绽放一丝光彩！

你无私地站着，站成一棵蒲公英，让知识的花絮大大方方地飘散四方，阳光下的世界才因此而变得缤纷和灿烂；你正直地站着，站成一棵雪松，让挺拔的身躯不偏不倚地直指蓝天，风雪中的生命才因此青翠而蓬勃；你高贵地站着，站成一棵风景树，让灵魂的枝叶哗啦啦地拍响节奏，成长中的幼苗才会因此而找准韵律和参照。

老师，是这个世界上除了父母，我们最应该去道一声感谢的。从开始上幼儿园，到大学毕业。我们人生中最珍贵的一段时光，是老师们陪伴我们走过的。他们给了我们太多太多的关怀和照顾，有的老师对同学的关注甚至超过了对自己孩子。然而我们有时候却会因为自己的执拗、任性、年少无知，在不经意间伤害了他们。其实，老师们奢望的并不多，他们和父母一样，只是希望我们快乐成长，只是希望我们过上想要的生活。

一天为师，终生为父。我们没有必要等到教师节才去感恩老师。在学习生活中，我们应该如何去做呢？

（1）在学校期间，一切事情应尽量按照老师的要求去做。

（2）一定要积极认真地完成老师布置的所有任务。

（3）当在特殊情况下，与老师产生矛盾时，一定要理智对待，不得顶撞老师。

加强与老师的沟通，与老师说说心里话。让老师知道你在想什么，也让你明白老师的想法。在互换思想的同时，我们也要尝试站在老师的角度去看待分析事情。

作为学生，要把学习放在第一位，用成绩去证明自己，也用成绩去回报老师的教导和期望。

还有最后一点，最忌讳的就是，如果自己不喜欢哪一个学科的老师，就会选择放弃这门学科。我想这是作为一名学生，最愚蠢的行为。老师的性格可能并不能迎合每一个学生，但是要始终记得，他之所以能够站在这个讲台上教书育人，是一定有他的优势和实力的。要多多发掘每一位老师身上的闪光点，而不是戴着放大镜去挑他的缺点。

感谢老师激励我们成长。感谢老师用爱心托起明天的太阳。感谢老师，感谢师恩。

3．要学会感恩同学

同学情，叫人时常想起，难以忘怀；一生牵挂，三世相亲；风雨同舟，甘苦与共。那是因为，同学情至纯至真。像玉壶冰心，似银色月光，让人心透明，频生温馨。没有名利的杂质，没有物欲的浊流，只有共同走过的一段黄金岁月。

小学同学两小无猜，青梅竹马。虽有同桌的你，课桌中间画起"三八线"，偶尔吵吵闹闹；虽有竞争对手，暗自较劲，但一旦毕业第一次分别，女同学眼泪汪汪，男同学一夜长大，惜别，纯净了最初的同学情。初中高中，从豆蔻年华到人生花季，恰同学少年，一同飞扬青春的旋律，经历成长的烦恼，承受考试的压力，走过叛逆的日子。做人的基石深深埋下，友谊的种子悄悄萌芽，还有慢慢长大的滋味共同品尝。一起参加18岁成人仪式，成了同学们告别幼稚、走向成熟，扬起风帆、破浪前行的人生礼仪，像一杯清醇的酒，历久弥香。大学和研究生同窗，更是有缘千里来相会，上铺下铺，朝夕相处，共同走过如歌岁月。

　　上千个日日夜夜，谈理想，忆人生，学专业，找工作，留下多少故事，如泣如诉，如歌如咏。多少学子演出过为同学捐款的人间真爱。当从清贫的兜里捐出零钱，当友爱的双手折成五彩缤纷的千纸鹤时，同学情的清纯，怎不感天动地？那是因为，同学情难舍难分。像风筝舞天，似藕断丝连，让理想放飞，将真情挂牵。毕业分手时唱过"再过20年我们来相会"，然而毕业典礼上，离别的心痛，思念的种子，开始萌生并渐渐生长于岁岁年年；牵挂，那风筝绷直的丝线，拴住了全班同学的心，随岁月逝去而越贴越近……毕业后10年、20年、30年、40年，同学聚会成了人生的盛宴。什么都可推辞，就是同学聚会不能不参加。乍一看，人世沧桑刻在脸上，3分钟过后尽开颜。不叫官职，无论长幼，直呼其名。还是学童时的模样，还是那时的倔脾气。回首望，人间冷暖，世态炎凉，官场风云，商海沉浮，甜酸苦辣，悲欢离合，让人感觉踏实的、难以割舍的，还是浓浓的同学情。

　　那是因为，同学情催人奋进。像高山流水，让知音相勉。聚在校园，同学立志"为中华崛起而读书"；散在四方，同学互相打气"有志者事竟成"，海阔天高，鹏程万里。人生岂能尽如人意？逆境中，同学是一把火，燃烧你的激情，教你屡败屡战，永不放弃；顺境里，同学是一块冰，劝你头脑别发热，宠辱不惊；风雨中，同学是相携相扶的臂膀，是遮风挡雨的那把伞；阳光里，同学是蓝天上飘浮的白云，是雨后的那道彩虹。取得成绩了，最想与同学分享，最想汇报给母校；遇到挫折了，最想倾诉给同学，最想得到同学的安慰。能因你喜而笑的是同学，能因你悲而忧的也是同学。常言道："千年修得共枕眠，百年修得同船渡"，现在又加上一句："五世修得同窗读"。

让我们在读的、毕业的，都珍惜同学情吧！这是除爱情、亲情、友情、战友情外，人生又一种美好的、不可或缺的、值得终生回味的感情！

人生中，除了父母老师，同学也在你的生命里承担了重要的角色。有好多一辈子的朋友都是学生时代的同窗。说到这，你脑海里是不是闪现出几张可爱的脸庞。珍惜同窗之间的珍贵的感情，因为这份情谊是在你们互相关爱、相互摩擦中萌生出来的，是在时间的流逝中保存下来的。同时也要感谢同学，感谢同学曾陪我分享过喜悦、曾为我分担过忧愁。重要的是我们一起追逐过共同的梦，一起驰骋在共同的道路上。珍惜并感恩拥有过这份感情，因为它会使你在今后的日子走得更远，飞得更高。

4. 要学会感恩祖国和社会

伟大的中国共产党，经过将近一个世纪的奋斗与探索，领导中国人民将一个积贫积弱的旧中国建设成了空前繁荣富强的社会主义新中国，取得了举世瞩目的光辉成就。

1921 年 7 月，中国共产党从 55 人中推选出的 12 名代表，在上海租界，在南湖小船，秘密地播撒革命的火种。短短的 28 年后，就取得了 960 万平方公里之阔，4 万万人民之众的国家政权，成立了新中国。从一个四分五裂、任人宰割的"东亚病夫"到繁荣富强、扬眉吐气的东亚强国，从屈辱到奋起，从停滞到腾飞，从衰落到鼎盛，从苦涩到辉煌。这是怎样的巨大能量的释放，这是怎样的惊天地、泣鬼神的伟绩！这是因为中国共产党有先进的理论指导，不同于历次农民起义，不是简单的改朝换代；这是因为中国共产党根植于人民的土壤，不是孤独的理想主义者们的孤军奋战；这是因为中国共产党代表着中国历史上最先进的生产力，并凝聚着中华民族最优秀的精华。

在历次革命斗争中，无数的共产党人和革命者献出了生命。红军长征突破湘江时人员损失过半，中央红军历尽千难万险到达陕北后，30 万队伍只保留下 3 万人；1927 年至 1932 年仅在刑场上牺牲的共产党员和革命群众至少在 100 万人以上；根据新中国成立初期的普查，全国有 2100 万革命者牺牲。这其中有"头可断，血可流，工不可上"的林祥谦，有"生的伟大，死的光荣"的刘胡兰，有"砍头不要紧，只要主义真"的夏明翰，有儿童团员王二小……

只有以"为人民服务"作为行动指南的政党及其成员，才能有这样大无畏的英勇奋斗和自我牺牲精神。中国共产党艰苦卓绝的斗争历史表明，共产党人是中国历史上最忠诚、最杰出的爱国主义者，他们为国家独立、民族解放、民主共和作出了最大的贡献和牺牲。

几经磨难，几经沧桑，中华儿女在中国共产党的率领下，最终赶走倭寇，推翻蒋家王朝，建立了新中国，开创了中国历史的新纪元。1949年10月1日,中华人民共和国成立了,中国人民从此站起来了。历史把民族复兴的重任赋予了中国共产党,而中国共产党也没有辜负历史的重托,带领全国各族人民不信邪,不怕压,披荆斩棘,百折不挠,粉碎了帝国主义的封锁和挑战,捍卫了国家的主权和尊严,战胜了一个又一个难以想象的困难,取得了社会主义建设的一系列巨大成就。

在"一穷二白"的基础上,党领导人民建立了独立的比较完整的工业体系和国民经济体系、两弹巨响、"东方红"翱翔、各条战线涌现出许多可歌可泣的光辉名字——雷锋、王进喜、李四光、钱学森、焦裕禄——从无到有、从弱到强,古老的中国开始以崭新的姿态屹立在世界的东方。

1978年,党的十一届三中全会的春风吹遍神州大地,我们吸取了历史的经验和教训,走出了一条有中国特色社会主义的成功之路。港澳回归,中国入世,2008年奥运会北京完美谢幕,2010年世博会在上海隆重举办,神舟十号载人飞船,载着中华民族冲击太空高度的梦想,飞上太空——中华民族在改革开放的春雷中苏醒,演绎东方崛起的传奇。

2003年以来,中国经济增长对世界GDP增长的平均贡献率高达13.8%,在全球金融危机背景下,中国经济被视作世界经济复苏与发展的重要推动力。可以理直气壮地说,是中国共产党作为领导核心和中流砥柱,在中华民族的历史长卷上写下了浓墨重彩的一笔。如果说人类社会的发展是一出漫长的话剧,那么,新中国经济建设的奇迹,无疑就是其中最壮丽、最辉煌、最动人的一幕。

今天,在鲜艳的五星红旗下,我们满怀感恩的心。感恩我们的党,从她诞生的那一刻起,就肩负起带领中国人民创造幸福生活、实现中华民族伟大复兴的神圣使命；感恩我们的先辈，是他们，为了祖国和人民，献出了自己的一切，换来了今天这来之不易的和平与安宁。感恩我们的祖国，我们生活在这片沃土，祖国是我们的根，是我们的源。没有祖国，就没有我们的安栖之所；没有祖国，就没有我们做人的尊严；没有祖国，就没有我们所拥有的一切！我们为生活在这片沃土而骄傲，为有这悠久的、从不曾间断的、一脉相承的五千年文明史而骄傲，为有光辉灿烂、为人类做出不可估量贡献的四大发明而骄傲。

请铭记历史！

梁启超曾说："今日之责任，不在他人，而全在我少年。少年智则国智，少年富则国富，少年强则国强，少年独立则国独立，少年自由则国自由，少年进步则国进步，少年胜于欧洲，则国胜于欧洲，少年雄于地球，则国雄于地球。"

知识经济的时代，科学技术突飞猛进，国际竞争日趋激烈，科教兴国成为治国兴邦的重大决策。21世纪，我国要加入世界中等国家的行列，原子能、现代航天、分子生物、微电脑、电子信息技术的发展，都在期待着我们。

面临科技发展的浪潮，面对知识经济的挑战，人才是何等的重要，它是国家的财富，是振兴的希望。我们要勇敢地承担起世纪重托，做21世纪的真正主人。把自己的人生理想与祖国、时代、人类命运联系起来，树立远大的理想，培养良好品德，发扬创新精神，掌握实践能力，勤奋学习，立志成才，做个新世纪的社会主义事业建设者和接班人。

青少年朋友，让我们立下凌云壮志、心怀天下，勇敢地肩负起安邦兴国的历史重任，为中华之崛起而读书。

5．要学会感恩

人生道路，曲折坎坷，不知有多少艰难险阻，甚至遭遇挫折和失败。在危困时刻，有人向你伸出温暖的双手，解除生活的困顿；有人为你指点迷津，让你明确前进的方向；甚至有人用肩膀、身躯把你擎起来，让你攀上人生的高峰……你最终战胜了苦难，扬帆远航，驶向光明幸福的彼岸。那么，你能不心存感激吗？你能不思回报吗？感恩的关键在于要有回报意识。回报，就是对哺育、培养、教导、指引、帮助、支持乃至救护自己的人心存感激，并通过自己十倍、百倍的付出，用实际行动予以报答。

"感恩"是："乐于把得到好处的感激呈现出来且回馈他人"。"感恩"是因为我们生活在这个世界上，一切的一切包括一草一木都对我们有恩情！

"感恩"是一种认同。这种认同应该是从我们的心灵里的一种认同。我们生活在大自然里，大自然给与我们的恩赐太多。没有大自然谁也活不下去，这是最简单的道理。对太阳的"感恩"，那是对温暖的领悟；对蓝天的"感恩"，那是我们对蓝得一览无余的纯净的一种认可；对草原的"感恩"那是我们对"野火烧不尽，春风吹又生"的叹服；对大海的"感恩"，那是我们对兼收并蓄的一种倾听。

"感恩"是一种回报。我们从母亲的身体里走出，而后母亲用乳汁将我们哺育。而母亲从不希望她得到什么。就像太阳每天都会把她的温暖给予我们，从不要求回报，但是我们必须明白"感恩"。

　　"感恩"是一种钦佩。这种钦佩应该是从我们血管里喷涌出的一种钦佩。

　　"感恩"之心，就是对世间所有人所有事物给予自己的帮助表示感激，铭记在心。

　　"感恩"之心，就是我们每个人生活中不可或缺的阳光雨露，一刻也不能少。无论你是何等的尊贵，或是怎样的卑微；无论你生活在何地何处，或是你有着怎样特别的生活经历，只要你胸中常常怀着一颗感恩的心，随之而来的，就必然会不断地涌动着诸如温暖、自信、坚定、善良等等这些美好的处世品格；自然而然地，你的生活中便有了一处处动人的风景。

　　"感恩"是一种对恩惠心存感激的表示，是每一位不忘他人恩情的人萦绕心间的情感。学会感恩，是为了擦亮蒙尘的心灵而不致麻木；学会感恩，是为了将无以为报的点滴付出永铭于心，譬如感恩于为我们的成长付出毕生心血的父母双亲。

　　"感恩"是一种处世哲学，是生活中的大智慧。感恩可以消解内心所有积怨，感恩可以涤荡世间一切尘埃。人生在世，不可能一帆风顺，种种失败、无奈都需要我们勇敢地面对、豁达地处理。

　　"感恩"是一种生活态度，是一种品德，是一片肺腑之言。如果人与人之间缺乏感恩之心，必然会导致人际关系的冷淡，所以，每个人都应该学会"感恩"，这对于现在的孩子来说尤其重要。因为，现在的孩子都是家庭的中心，他们只知有自己，不知爱别人。所以，要让他们学会"感恩"，其实就是让他们学会懂得尊重他人。对他人的帮助时时怀有感激之心，感恩教育让孩子知道每个人都在享受着别人通过付出给自己带来的快乐的生活。

当孩子们感谢他人的善行时，第一反应常常是今后自己也应该这样做，这就给孩子一种行为上的暗示，让他们从小知道爱别人、帮助别人。

"感恩"是一个人与生俱来的本性，是一个人不可磨灭的良知，也是现代社会成功人士健康性格的表现。

"感恩"是尊重的基础。在道德价值的多维坐标体系中，坐标的原点是"我"，我与他人，我与社会，我与自然，一切的关系都是由主体"我"而发射。尊重是以自尊为起点，进而尊重他人、社会、自然、知识，在自己与他人、社会相互尊重以及对自然和谐共处中追求生命的意义，展现、发展自己独立人格。感恩是一切良好非智力因素的精神底色，感恩是学会做人的支点；感恩让世界这样多彩，感恩让我们如此美丽！

"感恩"之心是一种美好的感情。没有一颗感恩的心，孩子永远不能真正懂得孝敬父母、理解帮助他的人，更不会主动地帮助别人。让孩子知道感谢爱自己、帮助自己的人，是德育教育中一个重要的内容。

感恩成功，也要感恩失败。感恩快乐，也要感恩悲伤。学会感恩，为自己已有的而感恩，感谢生活给予你的一切。这样你才会有一个积极的人生观，才会有一种健康的心态。

第三章　培育天才的方法途径

（一）书中自有黄金屋

当我们成为学龄儿童，背着书包走进小学校的大门，来到老师和同学的身边，崭新的教科书成了新学期给我们的礼物。

教科书是课程标准的具体化。课程计划中规定的各门学科，一般均有相应的教科书。它不同于一般的书籍，通常按学年或学期分册，并划分单元或章节。教科书的作用表现在以下几个方面：

（1）教科书是学生在学校获得系统知识、进行学习的主要材料，它可以帮助学生掌握教师讲授的内容；同时，也便于学生预习、复习和做作业。要教会学生如何有效地使用教科书，发挥教科书的最大作用。

（2）教科书也是教师进行教学的主要依据，它为教师备课、上课、布置作业、学生学习成绩评定提供了基本材料。

（3）根据课程计划对本学科的要求，分析本学科的教学目标、内容范围和教学任务。

（4）根据本学科在整个学校课程中的地位，研究本学科与其他学科的关系，是理论与实际相联系的基本途径和最佳方式，有利于确定本学科的主要教学活动、课外活动、实验活动或其他社会实践活动，对各教学阶段的课堂教学和课外活动做出统筹安排。

教科书在我们接受教育的过程中发挥着不可小觑的作用，我们要尽量掌握教科书所要求的学习任务，但也不能固守书本上的知识。当教科书中出现错误时，我们要大胆质疑，找出正确的答案。同时，应该将书外各种丰富的资料与书本知识相结合，这才是最佳的学习方法。

素质教育给了学生更大的学习空间。其中，进行广泛的课外阅读成了学生的必修课。课外阅读不仅可以使学生开阔视野，增长知识，培养良好的自学能力和阅读能力，还可以进一步巩固学生在课内学到的各种知识，对于提高学生的认读水平和作文能力，有助于形成良好的道德品格，乃至于整个学科学习都起着极大的推动作用。其实，教科书以外的书，我们习惯称之为课外书，给予我们的东西或许更多，它让我们观尽人生百态，体味世态炎凉，教会我们如何走好人生路。课外阅读对于我们学生来说很有意义，在学好教科书以外的时间里，我们可以把目光多投向其他书籍资料。

1. 课外阅读有助于学生形成良好的道德品格和健全的人格

学生大量阅读富有人文精神的童话故事、人物传记、少年小说、世界名著缩编本等，内心世界很容易产生震荡。一部英国儿童小说《哈利·波特》，竟然征服了全世界，连成人都不禁为小主人公的人格魅力所折服。多读中国文学、优秀中华人物事迹更有必要：从屈原"伏清白以死直"的忠诚，李白"安能摧眉折腰事权贵"的傲骨，范仲淹"先天下之忧而忧，后天下之乐而乐"的胸怀，文天祥"留取丹心照汗青"的豪情，到鲁迅"我以我血荐轩辕"的赤子之心……几千年的民族精神，在这些文字中呼之欲出。学生在自己阅读课外书时，读懂其生动有趣的情节，心中再现栩栩如生的形象，体味关于爱、友谊、忠诚、勇敢、正直乃至爱国主义等永恒的人类精神，从而开启自己的内心世界，激荡起品味人生，升华人格的内在欲望，达到"此时无声胜有声"的效果，促进小学生独立、自然地成长，其效果远胜于教师口干舌燥的说教。

2. 课外阅读有助于在读中积累语言

"书到用时方恨少"。这"少"字指的是读的少，记住的少，一到说话、作文时，便没词儿了。如果让学生多读点，多积累些，天长日久，待到自己说话作文时便能呼之即出，信手拈来，随心所欲，左右逢源。"熟读唐诗三百首，不会作诗也会吟"说的就是这个道理。古人云："读书破万卷，下笔如有神。"因此，父母、教师要经常鼓励学生多看一些课外书，尤其是习作方面的书，使学生的思路开阔，想象力丰富，并让他们汲取借鉴书中的写作方法，并进行模仿训练，从而使学生的写作水平逐渐得到提高。

3．课外阅读有助于理解和运用祖国语文

不少家长甚至部分老师都存在着一个认识上的误区，总觉得学生看课外书是看"闲书"。他们恨不得孩子每分每秒都在听写、背诵、写作文……似乎只有这样，才能提高学生的语文学习水平。这种想法，其实还是应试教育衍生出的怪胎。俗话说："读书百遍，其义自见。"看的书多了，学生的理解能力也会逐渐增强，分析判断问题的能力也会提高。书中的故事情节和人物形象等，都会给人留下深刻的印象，能使学生的记忆能力得到增强。

课外阅读对于语文水平的提高有着极其重要的意义。且看古今部分文学大师和语文教育专家们的看法：

读书破万卷，下笔如有神。　　　　　　　　——杜甫

退笔如山未足珍，读书万卷始通神。　　　　——苏轼

多读，可以改进你的写作技能。　　　　　　——老舍

这些大师的话，足以证明课外阅读在提高人的语文实际能力中所发挥的不可替代的作用。

4．课外阅读有助于培养自主学习的良好习惯

从传统语文教学观到大语文教学观是一个从知识本位向人本位的转化过程。它不再以"传道、授业、解惑"为教学的根本目的，而是以学会学习，促进人格与个性全面发展为重点。从这一理念出发，学生的主体地位必须得到保证，自主学习习惯必须得到培养。让学生自由选择自己爱读的书籍，本身就是尊重学生个

性的表现。而学生由封闭式读书转为开放式阅读，本身又极大激发其自主学习的积极性。通过大力推动课外阅读，让学生自己去获取，去探求，去寻觅，去掌握，从而感受读书的乐趣，激发更强烈的读书欲望，最终形成习惯。课外阅读把追求学问变成学生自觉自愿的行动，有助于实现增强学生的主体意识，发展学生的主体能力，塑造学生的主体人格的目的。

5. 增长课外知识，提高欣赏水平

有位名人说过："读书能使人头脑充实。"课本中的知识是有限的，而课外的知识是无限的。通过课外阅读，可以开阔学生的视野，扩大学生的知识面，增长许多课外知识，如《上下五千年》和中外名著等。因此，老师父母要想方设法诱发、培养孩子的阅读兴趣，鼓励学生阅读，及时肯定学生在阅读中的点滴进步，让学生快乐地阅读，快乐地接受自己想要学习的语文知识。通过看课外书，我们不仅被书中的人物、情节所感染，与作者分享书中的喜、怒、哀、乐，产生一种强烈的爱憎感情，而且认识了什么是真、善、美，什么是假、丑、恶；什么是低级庸俗，什么是清新雅致，从而提高自己的欣赏水平。

6. 课外阅读激发阅读兴趣，巩固课堂知识

学生通过看课外书，可以了解许多神奇的奥秘，满足他们的好奇心，如《十万个为什么》和一些科普读物等。教师经常引导学生阅读这类书籍，可激发学生的阅读兴趣，使学生养成良好的

阅读习惯。课外阅读是语文教学的一个重要组成部分，课外阅读与课堂教学是相辅相成、相得益彰的，它对课堂教学起到了补充、扩展、巩固和深化的作用。例如，学习了课文《景阳冈》，再去看看古典小说《水浒传》，这样对课文内容的理解就会更深刻、更透彻。

7. 学会阅读方法

读课外书有着不同的方法。有的书籍只需浅尝粗知，而有的书籍却要仔细钻研。对于一般的书，只需浏览略读；对于好书，则要精读细读。教师还可以让学生把一些好的词句、名人名言等摘抄下来，以便在以后的习作中合理运用。

可见，加强课外阅读，不仅是时代对语文教学的呼唤，更是世界范围教育成功的经验。在我们的语文教学中，开展丰富多彩的语文学习实践活动，拓宽语文学习的内容、形式与渠道，使学生在广阔的空间里学语文、用语文，丰富知识，提高能力。课外阅读益处很多，它不仅增长了学生的课外知识，激发了学生的阅读兴趣，还丰富了学生的课外生活，陶冶了学生的思想情操，提高了学生的综合素质。因此，我们要十分重视课外阅读，加强对学生的课外阅读指导，提高学生的阅读能力和水平。让我们都来一起重视课外阅读吧！

（二）把对手当朋友看待

化敌为友，这个词语对于我们大多数人而言是很难做到的。但是在这个复杂的社会当中，没有永远的朋友也没有永远的敌人。在特殊的情况下，需要我们卸掉所有的担忧，以退为进。化敌为友是一种生存的方式，是一条智者不可或缺的生存法则。

有这样一个故事：有一个小男孩，生活得很幸福，爸爸给他做了一个漂亮的树屋，他还如愿地进入了镇里最好的棒球队，他的心情好极了。可是有一个叫"吉米"的孩子老和他过不去，比如棒球比赛失败时，吉米就嘲笑小男孩，也不邀请小男孩参加蹦床派对。小男孩恨透了吉米，他觉得吉米是他最大的敌人。于是，小男孩请求他的爸爸帮他"消灭"这个敌人，爸爸答应用"敌人派"消灭他。小男孩高兴地想象着"敌人派"的样子：一定是臭臭的，上面爬满了虫子，说不定还有毒……不久，爸爸告诉他"敌人派"做好了，但要让它发挥作用，就必须要小男孩和敌人友好地呆一天。小男孩很为难，最后还是决定去找敌人吉米，和他一起玩球、跳蹦床，还带他参观了自己的树屋……渐渐地，他发现自己的敌人很有趣，他们在一起玩得很开心。到了晚上，要给吉米吃"敌人派"的时候，小男孩却怎么也不想让他吃了，因为他们已经成了好朋友。

孩子在小的时候，还不懂得处理人际关系，特别是当自己受到委屈时，就错误地认为那个人就是他的"死对头"，因而想要父母帮着自己出口气。有的父母会找上门去，为孩子讨个说法，据理力争，虽然赢得了一时的痛快，但孩子的"敌人"还是"敌人"，甚至会结怨更深。所以，父母要引导孩子用智慧的方法去化解孩子之间的矛盾。

用美味的"敌人派"来消灭敌人，不失为一种很好的方法。让孩子在想象如何整蛊敌人的同时，悄然释放了对敌人的怨恨，使情感得到了疏通，也就有了"化敌为友"的可能。

孩子在彼此友好的相处中，快乐地玩耍、游戏，在交流沟通中冰释前嫌。其实，很多时候，"敌人"是由于彼此之间误会、缺乏了解沟通造成的。

给孩子做一枚美味的"敌人派"，会让孩子在成长的道路上赢得更多的良朋好友。

大家或许觉得这个故事多了几分幼稚，但是其中的道理确是很浅显的。化敌为友，这是人际交往中必须尝试的一种合理相处的方式。

如果我们懂得利用回报定律，就可以把敌人变成最忠诚的朋友。要是你打算和某人化敌为友的话，就必须首先先放下自己的骄傲或者说虚荣心，尽量善待这个人，用和蔼的语气对他说话，在一切方面对他予以特别的照顾。或许他一开始不以为然，但是时间一久了，他必然会改变对你的态度，"回报"你对他的种种好处。即使是一颗用冰做成的心，也会在善意的温暖中渐渐融化。

不妨再想想，为什么当一个人功成名就的时候，全世界的人似乎都急着登门拜访？

去问问你认识的每一个成功人士，他们肯定都会告诉你，有许许多多的人正在找他，想要从他这里得到成功的启示。

"因为凡有的，还要加给他，叫他有余。没有的，连他所有的，也要夺过来。"（《圣经·马太福音》）

我曾觉得《圣经》中的这段话十分荒谬，直到我真正理解了个中含义，才认识到这段话所包含的真理。

没错，"凡有的，还要加给他，叫他有余"！要是他所"有"的乃是失败、憎恨、信心的丧失、自控力的缺乏，那这些东西还会继续找上门来。然而，要是他所"有"的是成功、耐心、坚持、自信和自控力，那么他在这些方面就会越走越远。

有些时候，我们必须要跟对手针锋相对，直到取得最终的胜利，但如果对手已经被打倒，我们就应该把他扶起来；把解决问题的最佳方式教给他，因为只有这样，他才不会总想着我们以牙还牙。

在第二次世界大战中，德国想要追求的是扩张与胜利，是对周边所有国家的征服。结果，它激发了周边绝大多数国家的同仇敌忾，最终自己反倒成了被征服者。这也是"恶有恶报"的具体例子。

若想让别人为你做某件事，或是用某种态度来对待你，最好的方式就是利用回报定律。

"上帝眼中的经济学再简单不过：我们付出什么，就会收获什么。"

没错，付出什么就会收获什么！我们能得到什么，并非取决于我们希望得到什么，而是取决于我们究竟做了什么、付出什么。

希望你能善用回报定律，不仅用它去追求物质上的收入，更要用它去追求精神上的幸福和良善。

毕竟，这才是真正值得我们去奋斗的目标。

现在，我们开始介绍心理学最重要的基本原理之一——回报定律。我们用什么样的态度去对待别人，别人就会用什么样的态度去"回报"我们。

"物以类聚，人以群分"，按照回报定律，我们会吸引那些与我们相似的人。人的思想就像是肥沃的大地，种下什么样的种子（感官印象），就会收获什么样的果实（态度与行为）。善待别人者为人善待，欺人者受人欺。

我们对别人所做的每一件事，无论是出于善意还是恶意，无论是否公平，最终都会"回报"到我们自己的头上。人的思想会对一切外来的印象做出反应，所以我们想要对别人造成什么样的影响，就必须给他（她）留下什么样的印象。要想有效利用回报定律，必须首先摒弃自己的骄傲与固执。尽管我们尚不清楚回报定律的具体作用机制，但却完全可以掌握和利用它。

在日常生活中化敌为友的策略：

1. 从另一角度理解他的刻薄

如果你的敌人抓住你的错误大加指责时，你在恼怒之前，不妨认为他是对你的关心。从这个角度去理解和解决问题，要比无休止的争论什么才是对错要强得多。如果你能挖掘对方句句带刺的话里隐藏的积极因素，那么你就会大大消除出现敌对场面的可能性，从而减弱攻击的心态。

2. 不要害怕承认自己不对

由于江湖险恶，人心隔肚皮，职场中的很多人一般都有很强的自我保护意识，一遇他人指责便认为是对自己的否定，就剑拔弩张反唇相讥。事实上，很多敌对关系的形成恰恰是因为过于敏感、不能接受他人正确意见的态度引起的，从而使自己在职场中的人际关系越来越差。

假如对事不对人，会让你减少许多火气，也有助于你赢得良好的认可。遇到麻烦事你就像个刺猬，只会影响你在办公室里的良好形象。许多经验表明，勇于承认错误常常会让对方闭嘴消声。记住，这是一种制造惊人沉默的经典方法。

3. 关注对方的成绩

肯定对方的成绩，即使与工作无关，也能够成为你与他建立友好桥梁的机会。发挥你心思细腻的特点，观察他最得意的方面，如穿衣品位，爱好兴趣，工作态度，办事效率甚至他那让人羡慕的健康等等，那怕是不经意的一句话，就能表明你对他的关心。

很多时候，一些人抨击他人只是出于证实自己的能力。比如他说你在计算机方面很笨而他的确在这方面是个行家，那么与其和他争辩你在这方面并不外行，倒不如承认他的特长和能力，这既会平息冲突，也会让对方在感觉你的低调处理的同时有所歉疚收敛。

4. 向对方表示出你对他行为的理解

很多时候，我们的竞争对手，或者是与我们意见相左、又或者是站在我们对立面的人，可能会做出对我们的利益产生侵害的行为。如果这个时候我们还能对他们的行为表示出充分的理解，那么我们就能无往不利了。假如你和你的同伴共同做一个类似的事情，由于你的同伴的耐心、心胸、看待问题的角度等等这些都与你不一样，从而使得他做出了一些对你的利益产生侵害的行为。当然无论是合作伙伴还是竞争对手，如果在这个时候，你能够对他的这些侵害行为表示出非常充分的理解，那么对于他来说，因为曾经一起走过这种历程，经历过现在所遇到的这样的那样的一些问题，就能够予以理解。当你这样表示出你对他理解的态度时，他就能够相信你，相信你的确是能够从他们的角度，站在他的立场来考虑这些问题，能够充分理解他这样处理问题的初衷。其实当你这样表示出你对他的理解的态度的时候，这当中是有很多好处的。

对对方行为的理解，其实就是换位思考。学会换位思考，化敌为友的进程将会得到很好的推进。换位思考：是人对人的一种心理体验过程。它客观上要求我们将自己的内心世界与对方联系起来，站在对方的立场上体验和思考问题，从而与对方在情感上得到沟通，为增进理解奠定基础。实质就是设身处地为他人着想，即想人所想，理解至上。

与人之间要互相理解、信任，并且要学会换位思考，这是人与人之间交往的基础——互相宽容、理解，多去站在别人的角度上思考。

换位思考是融洽人与人之间关系的最佳润滑剂。人都有这样一个重要特点：总是站在自己的角度去思考问题。假如我们能换一个角度，总是站在他人的立场上去思考问题，会得出怎样的结果呢？最终的结果就是多了一些理解和宽容，改善和拉近了人与人之间的关系。这一切都是从换位思考做起的。宽容这一美德的得来，也开始于换位思考。在一个团队之中，只有换位思考，才可能增强凝聚力。对于一个管理者来说，换位思考的能力是能否成功进行管理的一个重要因素。

5. 如何才能做到有效的换位思考

首先要知道这个世界上每个人是不一样的。对同一件事情有不同的看法是很正常的事情。即使是最相爱的人也不可能意见完全一致。

其次要有同情和宽容的心态。这个世界无论科技如何进步，物质条件如何提高都改变不了一个事实"做人不易"。既然大家都不易，那我们就应当对别人的失意、挫折、伤痛，不宜幸灾乐祸，而应要有关怀、了解的心情。要有宽容的心！

最后，换位思考不是带着你的脑子换到对方的位置上。换位实际上指设身处地。

换位思考只是一种人际交流和沟通中的一种重要技能。要想成为一个解决问题的高手，换位思考只是个基础。

现在我们在下面的小故事里面，一起来寻找换位思考的智慧。

小故事 1

妻子正在厨房炒菜。

丈夫在她旁边一直唠叨不停："慢些、小心！火太大了。赶快把鱼翻过来、油放太多了！"

妻子脱口而出："我懂得怎样炒菜。"

丈夫平静地答道："我只是要让你知道，我在开车时，你在旁边喋喋不休，我的感觉如何……"

小故事 2

一头猪、一只绵羊和一头奶牛，被牧人关在同一个畜栏里。有一天，牧人将猪从畜栏里捉了出去，只听猪大声号叫，强烈地反抗。绵羊和奶牛讨厌它的号叫，于是抱怨道："我们经常被牧人捉去，都没像你这样大呼小叫的。"猪听了回应道："捉你们和捉我完全是两回事，他捉你们，只是要你们的毛和乳汁，但是捉住我，却是要我的命啊！"

立场不同，所处环境不同的人，是很难了解对方的感受的。因此，对他人的失意、挫折和伤痛，我们应进行换位思考，以一颗宽容的心去了解，关心他人。

小故事 3

你是你，我是我，你不是我，我不是你，但你把我当成你，我把你当成我，这样就换了位，再思考一下……

一对夫妇坐车去游山，半途下车。听说后来车上其余的乘客没有走多远，就遇到了小山崩塌，结果全部丧命。女人说：咱们真幸运，下车下的及时。男人说：不，是由于咱们的下车，车子停留，耽误了他们的行程。不然，就不会在哪个时刻恰巧经过山崩的地点了……换位思考的实质就是设身处地为他人着想，即想人所想、理解至上。人与人之间少不了谅解，谅解是理解的一个方面，也是一种宽容。我们都有被"冒犯"、"误解"的时候，如果对此耿耿于怀，心中就会有解不开的"疙瘩"。如果我们能深入体察对方的内心世界，或许能达成谅解。一般说来，只要不涉及原则性问题，都是可以谅解的。谅解是一种爱护、一种体贴、一种宽容、一种理解。

　　小故事4

　　父亲讲，一次他去商店，走在前面的年轻女士推开沉重的大门，一直等到他进去后才松手。父亲向她道谢，女士说："我爸爸和您的年纪差不多，我只是希望他这种时候，也有人为他开门。"听了这话，我心里热热的，联想很多。

　　我不信冥冥中的上帝，但我坚信自然中的法则。"换位思考"就是人类社会得以存在和发展的重要法则。

　　换位思考是基本的道德教谕。古往今来，从孔子的"己所不欲，勿施于人"到《马太福音》的"你们愿意别人怎样待你，你们也要怎样待人"，不同地域、不同种族、不同宗教、不同文化的人们，说着大意相同的话。

　　真理的身上布满伤痕。换位思考是人类经过长期博弈、付出惨重代价后总结出的黄金法则。没有人是一座孤岛。社会是一个利益共同体。我们不能用自己的左手去伤右手。我们是同一棵树上的叶和果。克鲁泡特金在《互助论》中证明：只有互助性强的生物群才能生存，对人类而言，换位思考是互助的前提。

小故事 5

过去有一个农民在田间劳动，感到非常辛苦，尤其是在炎热的夏天，更是苦不堪言。他每天去田里劳动都要经过一座庙，看到一个和尚经常坐在山门前的一株大树树荫下，悠然地摇着芭蕉扇纳凉，他很羡慕这个和尚的舒服生活。一天他告诉妻子，想到庙里做和尚。他妻子很聪明，没有强烈反对，只说："出家做和尚是一件大事，去了就不会回来了，平时我做织布等家务事较多，我明天开始和你一起到田间劳动，一方面向你学些没有做过的农活，另外及早把当前重要农活做完了，可以让你早些到庙里去。"

从此，两人早上同出，晚上同归，为不耽误时间，中午妻子提早回家做了饭菜送到田头，在庙前的树荫下两人同吃。时间过得很快，田里的主要农活也完成了，择了吉日，妻子帮他把贴身穿的衣服洗洗补补，打个小包，亲自送他到庙里，并说明了来意。庙里的和尚听了非常诧异，说："我看到你俩，早同出，晚同归，中午饭菜送到田头来同吃。家事，有商有量；讲话，有说有笑，恩恩爱爱。我看到你们生活过得这样幸福，羡慕得我已经下决心还俗了，你反而来做和尚？"

这则故事不仅表现农民的妻子聪明贤惠，还有一个换位思考的道理在里面。换位思考，是自我学习的好方法。也就是与人处事，站在对方的立场上来全面考虑问题，这样看问题比较客观公正，可防止主观片面；对人要求就不会苛求，容易产生宽容态度；对自己能将心比心，做到知足常乐。

小故事6

儿子打完仗回到国内，从旧金山给父母打了一个电话："爸爸，妈妈，我要回家了。但我想请你们帮我一个忙，我要带我的一位朋友回来。"

"当然可以！"父母回答道，"我们见到他会很高兴的。"

"有些事情必须告诉你们，"儿子继续说，"他在战场上受了重伤：他踩着了一颗地雷，失去了一只胳膊和一条腿。他无处可去，我希望他能来我们家和我们一起生活。"

"我很遗憾地听到这件事，孩子，也许我们可以帮他另找一个地方住下。""不，我希望他和我们住在一起。"儿子坚持。

"孩子，"父亲说，"你不知道你在说些什么，这样一个残疾人将会给我们带来沉重的负担，我们不能让这种事干扰我们的生活。我想你还是快点回家来，把这个人给忘掉，他自己会找到活路的。"

就在这个时候，儿子挂了电话。

父母再也没有得到他们儿子的消息。然而过了几天后，接到旧金山警察局打来的一个电话，被告知，他们的儿子从高楼上坠地而死，警察局认为是自杀。

悲痛欲绝的父母飞往旧金山。在陈尸间里，他们惊愕地发现，他们的儿子只有一只胳膊和一条腿。

（1）**如果你能够表示出理解的态度，这就说明你是一个有同情心和怜悯心的人**

其实，每个人，在做出一些不善良的举动时，他的内心其实是非常痛苦的。其中包括你的亲戚、朋友、合作伙伴、竞争对手，甚至是你的同事。而当你对你的对手的行为表示非常理解时，对方会认为你是一个非常有同情心和怜悯心的人，是一个会站在对方的立场上去思考问题的人。每一个人都希望能和这样的一个人在一起！因此，当你是这样一个会去包容对方问题的人，对方会觉得你非常大度、友善，从而会非常愿意与你交往。

（2）如果对方做出了一些对你的侵害行为，在这种情况下你还能做出理解

这时，所有的障碍和阻挡你的力量都会为你让路。当然，你能够做出理解的前提是这种侵害行为必须是对你来说不算什么，你完全能够忍耐。在我们前进的道路上，是没有任何力量可以阻挡你前进的。那些阻挡我们的力量只能是——竞争对手！只有竞争对手才可能在阻挡我们前进。所以，当对手做了侵害你的行为，而这样情况下你还能对对方的行为表示理解的话，那么以后他们自然也会站在你的立场理解你。

所以，当你站在他们的立场上去思考问题时，他们也就会站在你的立场上去帮助你解决问题。如果对手都能够站在你的立场去帮助你解决问题，那么这就是真正的成功！让对手们为你竖起大拇指，表示出由衷的钦佩，这才是真正的高手。新东方教育的董事长兼总裁俞敏洪就是这样的一个人。俞敏洪是一个非常有经营才能和经营策略的人。俞敏洪不管自己面对的培训市场的竞争是如何的激烈、如何的残酷，与他竞争的对手是如何的厉害，他都能够时时刻刻保持一颗谦卑的心。俞敏洪无论是在面对各种各样的媒体采访时，还是在他自己的免费讲座上，又或者是在他自己的课堂上，他都能够保持一颗谦卑的心，并且能非常尊重他的竞争对手，这一点是非常重要的。

（三）　选择合脚的鞋子

春秋时期，有一次楚灵王率领战车千乘，雄兵 10 万，征伐蔡国。这次出征非常顺利。楚灵王看大功告成，便派自己的弟弟弃疾留守蔡国，全权处理那里的军政要务，然后点齐 10 万大军继续推进，准备一举灭掉徐国。楚灵王的这个弟弟弃疾，不但品质不端，而且野心极大，不甘心仅仅充当蔡国这个小小地方的首脑，常常为此而闷闷不乐。弃疾手下有个叫朝吴的谋士，这个人非常工于心计。一天，他试探道："现在灵王率军出征在外，国内一定空虚，你不妨在此时引兵回国，杀掉灵王的儿子，另立新君，然后由你裁决朝政，将来当上国君还成什么问题吗！"弃疾听了朝吴的话，引兵返楚国，杀死灵王的儿子，立哥哥的另一个儿子子午为国君。楚灵王在征讨途中闻知国内有变，儿子被弟弟杀死，顿时心寒，想想活在世上没有意思，就上吊自杀了。在国内的弃疾知道楚灵王死了，马上威逼子午自杀，自立为王，他就是臭名昭著的楚平王。

另一个故事是：晋献公对骊姬的话真是言听计从。骊姬提出要将自己所生的幼子奚齐立为太子，晋献公满口答应，并将原来的太子，自己亲生的儿子申生杀害了。骊姬将这两件事做完了，但心中还是深感不踏实，因为晋献公还有重耳和夷吾两个儿子。此时，这两个儿子也都已经成人，骊姬觉得这对奚齐将来继承王位都是极大的威胁，便建议杀了重耳和夷吾兄弟俩，晋献公竟欣然同意。但他们的密谋破一位正直的大臣探听到，立即转告了重耳和夷吾。二人听说后，立即分头跑到国外避难去了。《淮南子》的作者刘安评论这两件事说："听信坏人的话，使父子、兄弟自相残杀就像砍去脚趾头去适应鞋的大小一样，太不明智了。"

这个削足适履的故事可能有很多人都听过了，有类似于这种愚蠢行为的人还有很多。《灰姑娘》里灰姑娘继母的两个女儿，为了能够穿上王子送来的鞋子，不惜削足适履，愚蠢可笑的行为让人嗤之以鼻。

人生就是选择，每个人的选择不同，便有了不同的人生。一种选择会是一种活法，一种选择会换回许多种体会。人有许多次选择，但是选择之后便不会再从头开始，即使可以选择之后再选择。

一个人只有一生，是选择丰富了人生，是选择让自己的人生与众不同，是选择让人成为一种人，是选择让人体会酸甜苦辣。我们应该珍惜自己的选择，人生只有一次，我们自己的人生属于自己，而不是我的人生由别人选择。

人生需要我们主动地去进行选择，也需要我们去选择最合适自己的人生路。天才就是选择了适合自己的路，蠢材就是选择了不适合自己的路。

"扬长者成功"。这句话概括了赵磊的成功之路。

与楚庆生一样，进闸北八中之前，赵磊一直是个倒霉蛋。

在江宁某中学读初中二年级时，赵磊成了留级生。原因非常简单，他除了画画，就是调皮捣蛋，其他功课也不做，这怎能不"大红灯笼高高挂"？又怎能避免留级的厄运？

为了面子，他被迫转学。可是，一个不爱学习的少年，到哪所学校能受欢迎呢？因此，在新的学校待了没几天，老师便厌烦了这个毫无名气的"小画家"。

有人建议，要"救"赵磊"一命"，必须让他放弃画画。

父母非常矛盾。谁不想让孩子好好学习？可他仅剩画画这一点点特长，如果再加以限制，儿子靠什么乐趣生活呢？

赵磊喜欢画画，从幼儿园就开始了，而且一直画得比别人好。上小学时，他积极画墙报，曾当过美术课代表。上中学后，他虽然3门功课不及格，却依然迷恋画画，见谁画谁，怎么想就怎么画。结果，把老师画成了凶神恶煞的模样，师生关系甭提多糟糕了。

面对"走投无路"的赵磊，父母绞尽了脑汁，终于为他请到了一位中学教师做家教。

这位教师名叫余丽娟，是闸北八中实验班的数学老师。她是上海教育学院的毕业生，1965年即来八中任教，开始教俄语，后改教数学。

也许是成功教育潜移默化的影响吧，余老师一见赵磊，马上想起了刘京海的一段话。刘京海说：

"陶行知有一首打油诗叫《糊涂先生》，大意是：当你的学生成了瓦特、成了爱因斯坦，来看你这个老师的时候，你对学生说，原来你就是瓦特、你就是爱因斯坦呀！陶行知认为，这样的老师就是糊涂先生。因此，聪明的老师应当在学习过程中发现瓦特和爱因斯坦……"余老师越了解赵磊的情况越觉得他是个人才，她建议赵磊转入闸北八中就读。赵磊一家自然求之不得，因为当时的闸北八中已经名气很大，慕名而来者络绎不绝。他们分析了赵磊的情况，自感气馁，担心难以办成。

"这样吧，我愿意接收赵磊这个学生，咱们就想个'绝门'

的方法。"

余老师神秘地眨动了一下眼睛，说：

"如果你们愿意，就对外说赵磊是我的外甥，随我在八中就读。"

赵磊的父母一听喜从天降，高兴得双双站了起来，说：

"有您这个姐姐，我们赵家烧高香了！"

"孩子进了八中，我们也去了一块心病呀！"

于是，赵磊成了闸北八中没有档案的学生，有什么事情，都由他的"阿姨"余老师负责。最让赵磊意想不到的是，闸北八中的老师像是商量过似的，全都支持他发展绘画的特长。美术老师还建议他说：

"你的绘画很有创意，但基本功还欠扎实，如果真想有所作为，最好去华山美校上一个辅导班，我可以推荐。"

"真的？"

赵磊的眼睛立刻亮了起来，可一会儿，闪亮的目光又暗淡了。他说：

"我早想去了！可我问过了，人家是每周两个下午讲课，正是我在学校上课的时间，我怎么能逃课呢？"

美术老师宽厚地笑了，说：

"我相信，咱们闸北八中会为求发展者大开绿灯的！"

果然，学校支持赵磊去华山美校进修，每周缺的课由各科老师利用晚上时间免费补讲。

获得自由飞翔的赵磊，怎能不感激辽阔的天空？他内心里的发动机飞快地转动起来了，因为老师们热情如火，他岂能不燃烧？

一切都变了。

在赵磊的眼里，闸北八中的一切都是完美的，每个教师都是可敬的，每个同学都是可爱的，每一门课都是有趣的。所以，他告别了那一只只"大红灯笼"，以合格的成绩初中毕业。本来，赵磊应该回本人档案所在的中学办手续，可他怎么也不肯回去。父亲只好替儿子跑了一趟。

"什么？赵磊毕业考试全都合格了，这怎么可能？"

"我们还以为他失踪了呢！"

"请看吧，这是他的成绩单。"

"奇迹！真是奇迹！"

江宁某中学的老师们纷纷感叹着。

在华山美校进修，成了赵磊专业发展的加油站。初中毕业时，赵磊顺利考入了华山美校这所中专学校。后来，他又考入了上海工程技术大学，学习广告设计专业。

如今，赵磊已经开办了自己的美术设计公司，用自己的一技之长为社会服务。

我们都有自己要走的路，都有要实现的梦想。可是，我们只顾着走路，却忘记了去思考这条路是否适合自己。只有选择了一条适合自己的路，我们才能够走到胜利的彼岸，否则即使累得筋疲力尽也都是徒劳的。

想要做出正确的选择，一定要首先学会取舍。

人的一生似乎都是在选择之中度过的。人们在取与舍面前，更多的是选择取，很少有人能真正地舍去不现实的一切。总认为社会是为自己而存在的，天下之物皆该为自己拥有。永远不会满足。人们总会得陇望蜀，过分地迷恋或贪欲那物欲横流的东西。

不断地往自己的行囊中增加无穷无尽的身外之物。也不管是必需的还是无用的，是有益的还是有害的，是属于自己的还是属于别人的，只为了满足自己的贪婪欲而不择手段地占有，在利欲面前早就忘记了有失必有得，有得必有失的道理。其实，我们的人生是否幸福，关键是看一个人是否知道取舍。欲望太多，会成为一生的累赘。

人的一生是短暂的。在这短暂的人生里，美好的东西实在多得数不过来。我们总是希望得到的太多，尽可能多的东西为自己所拥有。有人说：人生是一个不断放弃的过程，必要有所取舍，有所得失。过分的索取，自私的贪婪会压得我们不得不发出疲惫的呻吟，要知道背囊里的东西越多、越重，最终你索取的东西会使你累倒在地。一个人要以清醒的心智和从容的步履走过岁月，他的精神中必定不能缺少索取，但要淡泊，学会取与舍。否则，他会活得太累。看淡一切，不是不求进取，不是无所做为，不是没有追求，而是以一颗纯美的灵魂对待生活和人生。失去也许是无奈的，失去未必不好，得到可能更珍贵。得与失或者不在个人，而取和舍却全在于个人造化。

记得有个故事：一富商收藏了价值连城的古玩。一天，拿在手中玩赏，差点儿跌落摔碎。他惊出了一身冷汗。然而就在此时心中忽然觉醒，随即将古玩摔落地上，如同丢弃了沉重的包袱，心境变得从容而淡泊。得与失，实则是一种心态。得之，不要大喜，不可贪得无厌；失去，切勿大悲，不可失去精神；得与失，不要看得太重，一切付之笑谈中。我们在拼命追求某一样东西的时候，会觉得很振奋、很起劲。当然，我们也隐约地感觉到，在追求一物的同时我们会失去另外一物。但是，我们却说什么也不情愿考虑那些可能失去的东西价值几何，或者说，我们根本就不在乎所失之物。好像，那些曾令人不遗余力追寻的东西一旦到手以后，并不能够令人心满意足。为何如此？无疑，多了牵挂，少了悠闲。我们的心灵需要空间，若是被塞得满满当当，必不会舒坦。要想赢得空间，我们就不得不放弃对某些物品的占有。也就是说，清理工作首先应该对准我们满脑子的欲望。对这个道理，知之易，行之难。可以这样说，当我们初识了酸甜苦辣以后，得失这个观念就一直纠缠着我们，无论如何我们都无力将其抛在一边。

原本，人是随意的，做什么、怎么做以及为什么做，全凭感觉，并不理性；当人有所长进以后，做事情就更多地是凭借理性了；但是，问题有时恰恰就出在这里，理性被定义在一个相当窄的区域内，比如，搏斗拼争精神被极度地推崇，当其被应用得几近泛滥时，自然也就成了伤人身体的利剑。依我看，天真往往与无邪结伴，成熟通常与世故为邻；由概念而思虑得失，由得失而衍生杂念。由杂念而体行世故；这大概就是人心偏离本真的原因吧？我们喜欢看小孩子率性嬉闹，或许，这就是想让自己体会那曾经的但却往而不复的天性。然而，遗憾的是，我们已被各种欲望所累，心难以回到童真的年代了。走过岁月，人就会变得越来越现实，没有了舍弃的勇气，所以，也就只能呵护着，却又不敢太费力气。人生就是如此难取舍。

生命是脆弱的，随时都会被摧残，但生命却又是坚强的，因为人们会用自己的意志力来应对上天的摧残；生命又是多情的，她安排了许多的悲剧和喜剧让人们去体验，可是人类又太伟大了，他有各种各样的悲喜忧欢去应对上苍的安排，于是，便有很多的故事发生，或喜，或悲，或苦，或甜，或忧，其实这一切的一切相对于莽莽苍苍的世界实在是太渺小了。无论怎样，都是上苍赋予的一笔财富，所有的人，无论贤愚、贫富、贵贱，在一生中，都会在许许多多的取舍之间，彷徨迷失、忧伤心痛。独有极少数天赋异禀、智慧卓绝，同时经历了许多的人情世故，才会在最后一刹那洞悉一切，追寻本心，得到平静喜悦。学会取舍，人生才能做到浓入而淡出，才能超脱自然，恬淡生活。看透得失的道理，或者会更加轻松把握一切而笑看云起云落，鸟飞鸟归。

　　世间得失都不是关键，重要的是得之所得，失所该失去的。因得而失，因失而得，才能真正掌握取舍之钥匙；取舍之间关系一个人的命运前途的改变。有位哲人说的对：如果你不能成为大道，那就当一条小路；如果你不能成为太阳，那就当一颗星星。决定成败的不是尺寸的大小，而是在于做一个最好的你。怎么样做呢？要懂得取舍。得与失应该放在相同位置看待，有些东西以得到为佳，但有的东西以失去为好。如果不分清红皂白一味地追求，结果只能被所得到的东西压死，这就叫"自食其果"。其实，得到的越多，责任就越大，负担也就越重。人生在世，谁不想开开心心轻轻松松幸幸福福地过活？在能力允许范围内的追求还是应该提倡的，结果和过程并不太重要，用心去奋斗了，没有结果便是好结果；因为有过程的结果是在必然中伴随的。倘若贪婪，结果也只是坏结果。这样不如品味过程来得快乐。欲望太多，成了累赘，还有什么比拥有淡泊的心胸让自己充实，满足呢？选择淡泊，学会取舍，然后走自己轻松的路。

　　在人生道路的岔路口上，我们应该学会取舍。学会正确取舍，我们才能做出正确的人生选择，才能成就精彩人生。

（四）　细节决定成败

细节决定成败。我们先来看看那些关于细节的故事：

故事一：

泰国的东方饭店堪称亚洲之最，不年前一个月预定是很难有入住的机会的，而且客人大都来自西方发达国家。东方饭店的经营是如此成功，他们有什么特别的优势吗？他们有新鲜独到的招术吗？回答是否定的，没有，什么都没有。那么，他们究竟靠什么获得骄人的业绩呢？要找到答案，不妨先来看看一位姓王的老板入住东方饭店的经历。

王老板因生意需要经常去泰国。第一次下榻东方饭店就感觉很不错，第二次再入住时，他对饭店的好感迅速升级。那天早上，他走出房间去餐厅时，楼层服务生恭敬地问道："王先生是要用早餐吗？"王老板很奇怪，反问："你怎么知道我姓王？"服务生说："我们饭店有规定。晚上要背熟所有客人的姓名。"这令王老板大吃一惊，因为他住过世界各地无数高级酒店，但这种情况还是第一次碰到。王老板走进餐厅，服务小姐微笑着问："王先生还要老位子吗？"王老板更吃惊了，心想尽管不是第一次在这里吃饭，但最近的一次也有一年多了，难道这里的服务小姐记忆力这么好？看到他吃惊的样子，服务小姐主动解释说："我刚刚查过电脑记录，你在去年的 6 月 8 日，在靠近第二个窗口的位子上用过早餐。"王老板听后兴奋地说："老位子！老位子！"小姐接着问："老菜单，一个三明治，一杯咖啡，一个鸡蛋？"王老板已不再惊讶了："老菜单，就要老菜单。"

王老板就餐时餐厅赠送了一碟小菜，由于这种小菜王先生第一次看到，就问："这是什么？"服务生退两步说："这是我们特有的小菜。"服务生为什么要先后退两步呢？他是怕自己说话时口水不小心落在客人的食物上。这种细致的服务不要说在一般酒店，就是在美国最好的饭店里王老板都没有见过。

后来王老板两年没有再到泰国去。在他生日的时候突然收到一封东方饭店的生日贺卡，并附了一封信。信上说东方饭店的全体员工十分想念他，希望能再次见到他。王老板激动得热泪盈眶，发誓再到泰国去，一定要住在东方饭店，并且要说服所有的朋友像他一样选择东方饭店。

原来，东方饭店在经营上的确没使什么新招、高招、怪招，他们采取的仍然是惯用的传统办法：提供人性化的优质服务。只不过，在别人仅局限于达到规定的服务水准就停滞不前时，他们却进一步挖掘，抓住大量别人未在意的不起眼的细节，坚持不懈地把人性化服务延伸到方方面面，落实到点点滴滴，不遗余力地推向极致。由此，他们靠比别人更胜一筹的服务，赢得了顾客的心，饭店天天客满也就不奇怪了。

东方饭店的做法令人深思。在这个竞争的年代，做什么事如果只会做"规定动作"，只满足于和别人做得一样好，没有竭尽全力超越别人，争创一流做到极致的意念和行动，就难以从如林的强手中胜出，在激烈的角逐中夺魁！

轻轻告诉你：美丽的细节是一滴滴润物细无声的露珠，是一缕缕清爽怡人的春风；美丽的细节，是一串串拨动心弦的音符，是一次次感动生命的诗句。美丽的细节，充盈着爱意。传递着真情，散发着美的芳香……珍视那些美丽的细节，就是在珍视迎面走来的一个个成功的机遇。

有一首民谣是这么唱的：丢失一个钉子，坏了一只蹄铁；坏了一只蹄铁，折了一匹战马；折了一匹战马，伤了一位骑士；伤了一位骑士，输了一场战斗；输了一场战斗，亡了一个帝国。

从这首民谣中，我们可以看出一个小细节对一件事的成败起着重要作用。除此之外，反映细节决定成败的案例还有很多，比如说：

故事二：

一个阴云密布的午后，由于瞬间的倾盆大雨，行人们纷纷进入就近的店铺躲雨。一位老妇人也蹒跚地走进费城百货商店避雨。

面对她略显狼狈的姿容和简朴的装束，所有的售货员都对她心不在焉，视而不见。

这时，一个年轻人诚恳地走过来对她说："夫人，我能为您做点什么吗？"老妇人微微一笑："不用了，我在这儿躲会儿雨，马上就走。"

老妇人随即又心神不定了，不买人家的东西，却借用人家的屋檐躲雨，似乎不近情理，于是，她开始在百货店里转起来，哪怕买个头发上的小饰物呢，也算给自己的躲雨找个心安理得的理由。

正当她犹豫徘徊时，那个小伙子又走过来说："夫人，您不必为难，我给您搬了一把椅子，放在门口，您坐着休息就是了。"两个小时后，雨过天晴，老妇人向那个年轻人道谢，并向他要了张名片，就颤巍巍地走出了商店。

几个月后，费城百货公司的总经理詹姆斯收到一封信，信中要求将这位年轻人派往苏格兰收取一份装潢整个城堡的订单，并让他承包自己家族所属的几个大公司下一季度办公用品的采购订单。

詹姆斯惊喜不已，匆匆一算，这一封信所带来的利益，相当于他们公司两年的利润总和！

他在迅速与写信人取得联系后，方才知道，这封信出自一位老妇人之手，而这位老妇人正是美国亿万富翁"钢铁大王"卡内基的母亲。

詹姆斯马上把这位叫菲利的年轻人，推荐到公司董事会上。毫无疑问，当菲利打起行装飞往苏格兰时，他已经成为这家百货公司的合伙人了。那年，菲利22岁。

随后的几年中，菲利以他一贯的忠实和诚恳，成为"钢铁大王"卡内基的左膀右臂，事业扶摇直上、飞黄腾达，成为美国钢铁行业仅次于卡内基的富可敌国的重量级人物。

菲利只用了一把椅子，就轻易地与"钢铁大王"卡内基齐肩并举，从此走上了让人梦寐以求的成功之路。

这真是"莫以善小而不为啊"。听到这儿，相信你们对细节已经有了新的认识，那么注意细节和忽略细节会有怎么样的差异呢？

我这里还有一个事例。

上海有一号铁路线和二号铁路线两条线，它们之间就存在巨大差异。

上海地铁一号线是由德国人设计的，看上去并没有什么特别的地方，直到中国设计师设计的二号线投入运营，才发现其中有那么多的细节被二号线忽略了。其中有 3 个比较明显的。

（1）上海地处华东，地势平均高出海平面就那么有限的一点点，一到夏天，雨水经常会使一些建筑物受困。德国的设计师就注意到了这一细节，所以地铁一号线的每一个室外出口都设计了三级台阶，要进入地铁口，必须踏上三级台阶，然后再往下进入地铁站。就是这三级台阶，在下雨天可以阻挡雨水倒灌，从而减轻地铁的防洪压力。事实上，一号线内的那些防汛设施几乎从来没有动用过；而地铁二号线就因为缺了这几级台阶，曾在大雨天被淹，造成巨大的经济损失。

（2）德国设计师根据地形、地势，在每一个地铁出口处都设计了一个转弯。这样做不是增加出入口的麻烦吗？不是增加了施工成本吗？但当二号线地铁投入使用后，人们才发现这一转弯的奥秘。

其实道理很简单，如果你家里开着空调，同时又开着门窗，你一定会心疼你每月多付的电费。想想看，一条地铁增加点转弯出口，省下了多少电，每天又省下了多少运营成本。

（3）每个坐过地铁的人都知道，当你距离轨道太近的时候，机车一来，你就会有一种危险感。在北京、广州地铁都发生过乘客掉下站台的危险事件。德国设计师们在设计上体现着"以人为本"的思想，他们把靠近站台约50厘米内铺上金属装饰，又用黑色大理石嵌了一条边，这样，当乘客走近站台边时，就会"警惕"起来，意识到离站台边的远近，而二号线的设计师们就没想到这一点。地面全部用同一色的磁砖，乘客一不注意就靠近轨道，危险！地铁公司不得不安排专人来提醒乘客注意安全。

从这几个故事中我们可以看出重视细节和忽略细节的差距是

多么的大，所以在生活中我们一定要重视细节，不忽略它，做到严谨认真。

现在的我们在做事的时候往往会从大的方面去粗略地考虑，然后立马就会去做。其实，有时候在做事之前，一定要把方方面面都考虑好，再去付诸实践。那样办事的效率和成功的几率就会提高。就像我们做题一样，要注意每一个细节，不要因为细枝末节而失掉本属于我们的分数。

现在很多用人单位在招聘的时候，也在设计一些环节去考验应聘人是否注重细节。故意在屋子里放上一小片纸片，看有谁会来把这张废纸拾起。在应聘的时候故意说考官有事推迟几分钟到，在此期间观察应聘者的状态，是否出现焦虑、着急、不耐烦等不良情况。

细节也是一个很需要注意的事情，我们在做事时，常常会忽略细节，总以为这是小问题。其实这才是很容易出现问题的问题。注重细节，从小事做起。看不到细节，或者不把细节当回事的人，对工作缺乏认真的态度，对事情只能是敷衍了事。而注重细节的人，不仅认真地对待工作，将小事做细，并且能在做细的过程中找到机会，从而使自己走上成功之路。

要知道工作中没有小事。积十成山，滴水成河，只有认真对待自己所做的一切事情，才能克服万难，取得成功。

要认真对待每一次的训练。那些在平时训练和准备过程中，认真对待的人则相反，由于一直接受了高强度的模拟训练，他们更容易在关键的比赛中表现出镇定的心态，因为在他们心目中，这无异于平时的一场简单的比赛和训练。

要学会悄悄地为他人做点好事。试着去真心实意地帮助别人，当这一切完全发自你的意愿时，你将会感觉到这是件多么快乐的事，你的心灵就会得到回报——一种和平、安静、温暖的感觉。

敬业精神＋脚踏实地＝成功。敬业，不仅仅是事业成功的保障，更是实现人生价值的手段，有的人在生活中，总是不满意目前的职业，希望改变自己的处境。但世界上绝对没有不劳而获的事情，人们的成功，无一不是按部就班、脚踏实地一步一步努力的结果。

我们必须相信自己，正视开端。任何大的成功，都是从小事一点一滴累积而来的。没有做不到的事，只有不肯做的人。想想你曾经历过的失败，当时的你，真的用尽全力，试过各种办法了吗？成功的最大障碍，是你自己。

扎实的基础是成功的法宝。如果一味地追求过高过远的目标，丧失眼前可以成功的机会，就会成为高远目标的牺牲品。当今有许多年轻人，不满意现在的工作，羡慕那些大款或高级白领人员，不安心本职工作，总是想跳槽。其实，没有十分的本领，就不应过分妄想。我们还是多向成功之人学习，脚踏实地，做好基础工作，一步一个脚印地走上成功之途。

只有实干，才能脱颖而出。那些充满乐观精神、积极向上的人，总有一股使不完的劲，神情专注，心情愉快，并且主动找事做，在实干中实现自己的理想。

身处职场上的年轻人，要懂得不为薪水而工作。想要获得成功，实现人生目标，就不要只为薪水而工作。当一个人积极进取，尽心尽力时，他就能实现更高的人生价值。

我们要想征服世界，就得先战胜自己。要想成功，就要战胜自己的感情，培养自己控制命运的能力。我们一定要学会用心做事，尽职尽责，以积极主动的心态对待你的工作、你的单位，你就会充满活力与创造性地完成工作，你就会成为一个值得信赖的人，一个领导乐于使用的人，一个拥有自己事业的人。

倾注全部热情对待每件小事，不去计较它是多么的"微不足道"，你就会发现，原来每天平凡的生活竟是如此充实、如此美好。

第四章　培育天才的根本动力

（一）热爱生命　热爱生活

我不去想是否能够成功
既然选择了远方
便只顾风雨兼程

我不去想能否赢得爱情
既然钟情于玫瑰
就勇敢地吐露真诚

我不去想身后会不会袭来寒风冷雨
既然目标是地平线
留给世界的只能是背影

我不去想未来是平坦还是泥泞
只要热爱生命
一切，都在意料之中

上面是汪国真的诗作《热爱生命》。作者将执著灌注于字里行间，从容不迫、娓娓道来。全诗从成功、爱情、奋斗、未来4个意象着手，细腻地描绘了对生命义无反顾的不悔追求。诗句风格清新淡雅、凝练朴实，如春雨润物无声，兼具教化意义。

"远方在哪里？风前面是风，道路后面还是道路"。这种看似永无尽头的追逐，犹如西西弗斯不停推上山却时刻滚落的那颗巨石。于是，在这样一个现实胚胎中，分化出了两种截然不同的人生——悲观主义和乐观主义。追求中，我们该秉持怎样的态度？

飘落在石缝中的树种，咬定青山，吸风饮露，几经寒暑，几度春秋，长成了遒劲葱郁的大树；秋风过境，衰草留根土中，迎霜耐雪，待到春来，又萋萋绿染了大地，于是岁岁枯荣，生生不息……自然万物，优胜劣汰，以其顽强展示其不容亵渎的尊严。汪国真言明：不论是否成功，选择远方，就只往前追寻；不论是否获得，选择爱情，就只往前追寻；不论艰辛与否，选择奋斗，就只往前追寻；不论难过与否，选择未来，就只往前追寻。那么，在你的世界中，还有什么理由不义无反顾地追所求呢？

当生命如同达摩克利斯之剑悬在头顶，将我们陷入岌岌可危的困境，与其被动畏惧退缩，不如主动地奋起，做生活的主宰者。在坎坷的生命进程中，曾经的我们抱怨不平，但当回首往事时，却将过去的一切视为亲切的怀念。我们义无反顾地追求，需要的是一个作为后盾的坚定信念——热爱生命。这信念是对生活的一种体会、一个态度：让生命璀璨如红日，刚劲如松柏；抑或是幽微如烛光，脆弱如朽木。有了目标，有了追逐，才有了人生；一个人消磨时光，自暴自弃，那么他的人生也将跟着裹足不前，其活着的便只是一具躯壳。而怀揣信念，就带上了希望，渲染了快乐。那么，活着，就是在追求中陶醉，抗争中灿烂，挫折中完整。

　　奋斗是源于对生命的热爱，对所有的瞬间与长久的珍视。热爱，不仅是这样至死方休的情感，还有对生命的充分利用和无悔奉献。要清楚地知道，人生路上不仅有纯净湛蓝的天空和静美幽香的风景，更多的是大浪淘沙、风霜雪雨和荆棘拦路。"只要热爱生命，一切都在意料之中"；"只要愿意去做，人，无所不通"。纵然理论付诸实践总差一步距离，但我将不懈努力。不论爱情，不论事业，不论未来，不论奋斗历程，我将秉持坚定的信念，做好面对困难的准备，鼓起百折不挠的勇气，追我所求，义无反顾，不辜负生命，无愧于生命的价值。

　　欣赏了关于热爱生命的诗歌，感受到生命强大的力量。我们再来看看那些动人心弦、热爱生命的故事。

1. 黄美廉的故事

　　这是一个真实的故事。有一个叫黄美廉的女子，从小就患上了脑性麻痹症。这种病的症状十分惊人，因为肢体失去平衡感，手足会时常乱动，口里也会经常念叨着模糊不清的词语，模样十分怪异。医生根据她的情况，判定她活不过6岁。在常人看来，她已失去了语言表达能力与正常的生活条件，更别谈什么前途与幸福。但她却坚强地活了下来，而且靠顽强的意志和毅力，考上了美国著名的加州大学，并获得了艺术博士学位。她靠手中的画笔，还有很好的听力，抒发着自己的情感。在一次讲演会上，一位学生贸然地这样提问："黄博士，你从小就长成这个样子，请问你怎么看你自己？你有过怨恨吗?"在场的人都暗暗责怪这个学生的不敬，但黄美廉却没有半点不高兴，她十分坦然地在黑板上写下了这么几行字：

一、我好可爱；

二、我的腿很长很美；

三、爸爸妈妈那么爱我；

四、我会画画，我会写稿；

五、我有一只可爱的猫……

最后，她以一句话作结论：我只看我所有的，不看我所没有的！

读了上面的这个故事，我们都会深深地被黄美廉那种不向命运屈服、热爱生命的精神所感动。是啊，要想使自己的人生变得有价值，就必须经受住磨难的考验；要想使自己活得快乐，就必须接受和肯定自己。其实，在这个世界上，每个人都有着不同的缺陷或不如意的事情，并非只有你是不幸的，关键是如何看待和对待不幸。无须抱怨命运的不济，不要只看自己没有的，而要多看看自己所拥有的，我们就会感到：其实我们很富有。

2．霍金：轮椅上的勇士

霍金是谁？他是一个大脑，一个神话，一个当代最杰出的理论物理学家，一个科学名义下的巨人……或许，他只是一个坐着轮椅，挑战命运的勇士。

智慧的大脑诞生了

史蒂芬·霍金，出生于 1942 年 1 月 8 日，这个时候他的家乡伦敦正笼罩在希特勒的狂轰滥炸中。

霍金和他的妹妹在伦敦附近的几个小镇度过了自己的童年。多年以后，他们的邻居回忆说，当霍金躺在摇篮车中时非常引人注目，他的头显得很大，异于常人——这多半是因为霍金现在的名声与成就远远异于常人。邻居不由自主地要在记忆里重新刻画一下天才儿童的形象。

不过霍金一家在古板保守的小镇上的确显得与众不同。霍金的父母都受过正规的大学教育。他的父亲是一位从事热带病研究的医学家，母亲则从事过许多职业。小镇的居民经常会惊异地看到霍金一家人驾驶着一辆破旧的二手车穿过街道奔向郊外——汽车在当时尚未进入普通英国市民家庭。然而这辆古怪的车子却拓展了霍金一家自由活动的天地。

霍金热衷于搞清楚一切事情的来龙去脉，因此当他看到一件新奇的东西时总喜欢把它拆开，把每个零件的结构都弄个明白——不过他往往很难再把它装回原样，因为他的手脚远不如头脑那样灵活，甚至写出来的字在班上也是有名的潦草。

霍金在 17 岁时进入牛津大学学习物理。他仍旧不是一个用功的学生，而这种态度与当时其他同学是一致的，这是战后出现的青年人迷惘时期——他们对一切厌倦，觉得没有任何值得努力追求的东西。霍金在学校里与同学们一同游荡、喝酒、参加赛艇俱乐部，如果事情这样发展下去，那么他很可能成为一个庸庸碌碌的职员或教师。然而，病魔出现了。

病魔出现了

从童年时代起，运动从来就不是霍金的长项，几乎所有的球类活动他都不行。

到牛津的第三年，霍金注意到自己变得更笨拙了，有一两回没有任何原因地跌倒。一次，他不知何故从楼梯上突然跌下来，当即昏迷，差一点死去。

直到 1962 年霍金在剑桥读研究生后，他的母亲才注意到儿子的异常状况。刚过完 21 岁生日的霍金在医院里住了两个星期，经过各种各样的检查，他被确诊患上了"卢伽雷病"，即运动神经细胞萎缩症。

大夫对他说，他的身体会越来越不听使唤，只有心脏、肺和大脑还能运转，到最后，心和肺也会失效。霍金被"宣判"只剩两年的生命。那是在 1963 年。

起初，这种病恶化得相当迅速。这对霍金的打击是可想而知的，他几乎放弃了一切学习和研究，因为他认为自己不可能活到完成硕士论文的那一天。然而，一个女子出现了。

一个女子出现了

她叫简·瓦尔德。

1962 年的夏天，简通过朋友，认识了走路笨拙、脚步踉跄的霍金，后来又发生了几次偶遇。于是，他们碰出了爱情的火花。

但是，他们的爱情却多了一丝苦涩。霍金对自己的病感到无望，因此不打算建立长期稳定的关系。他们之间总是存在着一个第三者——死神。

然而，爱情的力量却无法抗拒。1963 年 7 月 14 日，简和霍金订了婚。

多年之后，简在自己的回忆录《音乐移动群星》中写道："我非常爱他。任何东西都不能阻止我和他结婚。我愿意为他做饭、洗衣、购物和收拾家务，放弃我自己以前的远大志向。"

与简的订婚使霍金的生活发生了真正的变化。为了结婚，他需要一份工作，为了得到工作，就需要一个博士学位。因此，他开始了一生中的第一次用功。令他十分惊讶的是，他发现自己很喜欢研究。爱情有了圆满的结局。然而，轮椅出现了。

轮椅出现了

霍金的病情渐渐加重。1970 年，在学术上声誉日隆的霍金已无法自己走动，他开始使用轮椅。直到今天，他再也没离开它。

永远坐进轮椅的霍金，极其顽强地工作和生活着。

1991 年 3 月，霍金在一次坐轮椅回柏林公寓，过马路时被小汽车撞倒，左臂骨折，头被划破，缝了 13 针，但 48 小时后，他又回到办公室投入工作。

又有一次，他和友人去乡间别墅，上坡时拐弯过急，轮椅向后倾倒，不料这位引力大师却被地球引力翻倒在灌木丛中。

虽然身体的残疾日益严重，霍金却力图像普通人一样生活，完成自己所能做的任何事情。他甚至是活泼好动的——这听来有点好笑，在他已经完全无法移动之后，他仍然坚持用唯一可以活动的手指驱动着轮椅在前往办公室的路上"横冲直撞"；在莫斯科的饭店中，他建议大家来跳舞，他在大厅里转动轮椅的身影真是一大奇景；当他与查尔斯王子会晤时，旋转自己的轮椅来炫耀，结果轧到了查尔斯王子的脚趾。

当然，霍金也尝到过"自由"行动的恶果，他多次在微弱的地球引力左右下，跌下轮椅，幸运的是，每一次他都顽强地重新"站"起来。

1985 年，霍金动了一次穿气管手术，从此完全失去了说话的能力。他就是在这样的情况下，极其艰难地写出了著名的《时间简史》，探索着宇宙的起源。霍金取得巨大成功，但生活的现实取代了爱情的浪漫，他和简的婚姻走到了尽头。

来自直觉的启示：黑洞不黑

霍金的研究对象是宇宙，但他对观测天文从不感兴趣，只有几次用望远镜观测过。与传统的实验、观测等科学方法相比，霍金的方法是靠思索。

"黑洞不黑"这一伟大成就就来源于一个闪念。在 1970 年 11 月的一个夜晚，霍金在慢慢爬上床时开始思考黑洞的问题。他突然意识到，黑洞应该是有温度的，这样它就会释放辐射。也就是说，黑洞其实并不那么黑。

这一闪念在经过 3 年的思考后形成了完整的理论。1973 年 11 月，霍金正式向世界宣布，黑洞不断地辐射出 X 射线、伽马射线等，这就是有名的"霍金辐射"。而在此之前，人们认为黑洞只吞不吐。

从宇宙大爆炸的奇点到黑洞辐射机制，霍金对量子宇宙论的发展做出了杰出的贡献。霍金获得 1988 年的沃尔夫物理学奖。

畅销书之王：《时间简史》

霍金的科普著作《时间简史———从大爆炸到黑洞》在全世

界的销量已经高达 2500 万册，从 1988 年出版以来一直雄踞畅销书榜首，创下了畅销书的一个世界纪录。在这本书里，霍金力图以普通人能理解的方式来讲解黑洞、宇宙的起源和命运、黑洞和时间旅行等。

在《时间简史》一书的开头，霍金指出："有人告诉我，我在书中每写一个方程式，都将使销量减半。于是我决定不写什么方程。不过在书的末尾，我还是写进一个方程，爱因斯坦的著名方程 $E = mc^2$。我希望此举不致吓跑一半我的潜在读者。"现在看来，霍金完全是多虑了。

霍金热爱生命，他用他炽热的心去努力使自己的人生发光，使自己的天分发挥到极致。他这一辈子没有被先天的不利条件所左右，他成功了。

3．热爱生命，热爱生活

生命是渺小的，就像大海中的一粒粒金黄的细沙；生命是伟大的，就像泰山上的一棵棵挺拔的苍松。父母给予我们生命，它很珍贵，属于我们只有一次。我们生活在这个世界上，会遇到许许多多苦难。有人在苦难面前倒下了，轻易舍弃了自己的生命。

在一次讨论会上，一位著名的演说家迈着大步走上了讲台，手里高举着一张钞票。他面对会议室里的 200 个人，问："有人要这 20 美元吗？"一只只手举了起来。他接着说："我打算把这 20 美元送给你们中的一位，但在这之前，请准许我做一件事。"他说着将钞票揉成一团，然后问："谁还要？"仍然有人举起手来。

他又说："那么，假如我这样做又会怎么样呢？"

他把钞票扔到地上，又踏上一只脚，并且用脚踩它。然后他拾起钞票。钞票已变得又脏又皱。

"现在谁还要？"还是有人举起手来。

读了这篇文章，我有了很深的感受，无论演说家如何对待那张钞票，人们还是想要它，因为它并没因为脏、皱而失去价值，它依旧值 20 美元。在人生的道路上，我们会无数次被失败或碰到的挫折击倒。但是，我们应该相信，我们的生命和这 20 美元一样，是永远都不会失去价值的，我们要把自己的生命当成无价之宝，永远地珍惜它。

在学校，我们经常会看到这样的场景：走廊上，几位同学横冲直撞，根本不去顾及身边的同学；栏杆前，有同学踮起脚尖，甚至爬上栏杆，好奇地向下张望；楼梯上，一位同学不是走下楼，而是坐在扶手上滑了下去。

每当看到这样的情景，我的心里就像有一只小兔子一样怦怦直跳。这些同学有没有想过这样的行为会导致什么样的后果呢？在走廊上飞奔的同学一旦相撞，往往鼻青脸肿、头破血流；栏杆上的同学一旦掉了下去，后果是可悲的；从扶手上往下滑，只要稍不注意，就会跌落，导致骨折、脑震荡等严重后果。人的生命是脆弱的，生命一旦发生什么意外，会留下永远的伤痕；健全身体一旦失去，将永远无法挽回。

我们的生命是用来珍惜的，是用来热爱的，是用来爱家的，爱国的，爱这个世界的，千万不要因为一点点微小的疏忽而轻易放弃了自己的生命。身体是革命的本钱，身体的本源就是生命，我们做一切事的根本，其实就是我们的生命在奋斗。所以，我们一定要珍惜生命，热爱生命。

要热爱生命，就要热爱生活。

人生在世，就一定要有追求、有目标、有憧憬、有寄托。我将自己所有的这些向往，用 4 个字来概括——"热爱生活"。没有比这更直接的字眼了，我们活着，要想活出个样儿来，就必须热爱生活。

周恩来总理从小就树立了"为中华之崛起而读书"的志向，他把一生的追求化作了一个民族的责任，承担了起来！我虽然没有周总理那宏伟的志向，我所选择的"热爱生活"，却是我最执著的信念。碧空如洗、云卷云舒，微风轻拂大地，在树荫下体味生活的美丽；奋笔疾书、竭力思考，直到汗流浃背，直到手脚酸麻，那是生活的充实；烈日炎炎，与朋友在操场玩耍，跳跃与奔跑，看沙石化作尘埃，掩映着阳光，感受生活的热烈。所有这些都是平淡的，但我却执著地热爱着它们，享受着与它们相处的一分一秒，因为，这就是我对生命的珍惜。

在我看来，一年有四季，人生也有四季。春天，把自己的理想埋在希望的田野上，在生命田野里用力耕耘，看那翻开的新鲜的泥土，看一粒粒生机四溢的种子落入泥土，久久的期盼会随时间的推移越来越浓；夏天，看着禾苗在成长，干旱时担忧，下雨时甜蜜，又害怕禾苗经不起狂风的摧残、烈日的考验，就这样，在患得患失中放飞着希望，在希望中成长；秋天，尽情地收割，收割着汗与血凝成的果实，体味付出带来的甜蜜和满足，内心有无法计算的沉甸甸的收获。冬天，便随轻舞飞扬的雪花尽情幻想吧，体味过去的生命历程，积蓄力量等待再一次的播种、耕耘。那颗心将又一次因拼搏而跳动。这就是生活，在一次又一次的

"付出——收获"中循环，我们在这循环中长大。

热爱生活，便是关注收获，尽情地享受生活，在生活的一次又一次轮回中成长，就这样，我对生活的爱，成为了一种寄托，一种依靠，一种独立，一份情感。鼓舞我，满怀着生活的激情走下去，走出一个成功的自我。

生命是一个人幸福的最基本的条件，没了生命你将失去一切。虽然人生中有许多的不如意，但又有什么？失败了，跌倒了，拍拍身上的灰从头再来。拿破仑曾说过："人生的光荣，不在永远不失败，而在于能够屡扑屡起。"生活中就是要时刻抱着希望，才能看到明天的朝阳！珍爱生命，热爱生活，抬起头来，迎接明天更美好的太阳！

（二）人之初　性本善

1. 何为"人之初，性本善"

人之初，性本善的意思是：人在刚出生时，品质都是善良的。"人之初，性本善"主张的是"性善论"，表明了儒家派的主场。其真正含义在于人的向善之心，人有善的欲望和力量，人性的趋势永远都是向善的。随着各自生存环境的不同变化和影响，每个人的习性就会改变。为了避免使自己误入歧途，构建和谐社会，我们应该怎样在这个复杂的社会中始终保持人性的本善呢？

人世间有许多憨厚善良的人。然而随着人类道德水准的普遍下滑，世人有时会认为善良的人很傻、很笨。其实善良是人性中最崇高的美德。行善积德的人，令人敬佩。一个人有了善良的心，才能完善自己的人生。一个人不会因为自己的善心善行而损失什么，相反他还会因为他的积德而得到福报。即使是在日常平凡的小事上，善良的人也能以他人的快乐为快乐，以他人的幸福为幸福，在任何时候都不会幸灾乐祸，损人利己。有德之人命系于天，在危难之时总是有惊无险，因祸得福，遇难呈祥。冥冥之中，天佑善良人。人世间的所有狡猾奸诈之徒，如希特勒、秦桧之流，虽然自以为聪明，最终却无法以狡猾和奸诈来改变它们可耻的下场。

感动，因善良而生。好多人都记得感动中国的人物——谢延信。那位朴实的勤快的农民照顾亡妻的父母及弟弟10余年，只为一句承诺，只为心底的善良。在那漫长的10余年中，他默默无闻地奉献，用本不强壮的身躯撑起这个家庭。他留下的，只是让人们无比感动的善良。当人们从电视上看到他的坚强与勇敢时，一瞬间涌出的泪光，是善良的结晶。无数善良的人被这位憨厚的农民所感动，也愿意给予他帮助。这一切也都源于感动。那一瞬间的感动，如一片绿叶挂在心中，也永存在心中。

人世间最宝贵的是什么？雨果说的好：善良。"善良是历史中稀有的珍珠，善良的人几乎优于伟大的人"。美国作家马克.吐温称善良是一种世界通用的语言，它可以使盲人"看到"、使聋子"听到"。善良的心，像真金一样闪光，像甘露一样纯洁、晶莹。善良的心胸是博大、宽宏的，能包容宇宙万物，造福于人类苍生。行善而不求回报的人经常能够得到意料之外的回馈，这是因果回圈的自然规律。善良之人经常造福于他人，实质上也是造福于自己。"帮助别人，就是帮助自己。"这句话绝不只是简单的因果报应，而是做人的根本。

让善良与生命同在，对于人来讲是莫大的福分。生命中有了善良，人生才能经常充满喜悦；生命中有了善良，人生才能幸福常在；生命中有了善良，灵魂才能不断地升华。善良是生命中的黄金，善良是人性中最为宝贵的生命之光。

能够知道别人的痛苦，自己就有良心。知道自己有痛苦就会有善心的存在；看到别人和自己有痛苦就会生出慈悲心！

善良，不是容颜的闭月羞花，不是举止的温文尔雅，不是财富的腰缠万贯，更不是权势的叱咤风云。善良，是黑暗凄冷中的如豆星火，是干涸枯竭时的点滴甘露，是迷惘徘徊时的一句点化，是沉迷无助时的一把搀扶。真正的善良是来自心灵深处真诚的同情与怜惜、无私的关爱与祝福。真正的善良，无须剪红刻翠，无须粉黛雕饰，它本身就是人们内心最原始的一种纯朴的纯洁的感情精华。

在经历了太多的锤炼之后，人们在学会坚强的同时，也逐渐变得冷漠起来。人们匆匆地在人潮中寻找适合自己的角色，漠然地与一切和自己不相关的人与事擦肩而过，我们似乎早已习惯了"各自打扫门前雪，休管他人瓦上霜"的处世哲学，而不愿再牵挂别人的任何困苦。于是，眼看着那颗曾经晶莹的善良之心在红尘中慢慢被尘土侵蚀包裹，而后结成厚厚的茧，于是，人们又不得不负载着这颗结茧的沉重的心孤独地在冷漠中艰难跋涉……

2. 怎样培养一个善良的孩子

在孩子遗传基因中就具备善良和体贴的天性。这种天性如果后天得不到很好的教育，就会消失。在看电视时，孩子常常流泪。千万不要笑话他软弱，在困难和挫折面前流泪才是软弱，理解和同情别人的痛苦，那叫善良，这可是一种好品性。

善良的人一般性格温和，乐于助人，由于能够理解体谅别人的痛苦，较少计较自己的得失，反而显得坚强、开朗，容易保持心理平衡。冷漠狭隘的人患得患失，终日琢磨别人，弄得自己心神不安。孩子的天性是善良的，但后天的教育非常重要，善良的品性是可以培养的。

（1）在游戏中激发善良

孩子们喜欢在游戏中把自己想象成另外一个人，你不妨为孩子设计一些游戏来激发他们善良的天性，比如孩子用积木搭了一座迷宫，你说请他把迷路的小白兔送回家。你自己也不妨经常"生病"、"丢东西"，请孩子当小医生和小警察。不过你千万要记住，得到帮助要向他道谢。这样孩子就会乐于帮助别人，从中获得一种特殊的精神愉悦，保持积极的生活情趣。

（2）在生活中培养善良

在生活中培养孩子的善良品性，就是要让孩子知道生活中处处有善良。一是对孩子要爱之得法。文学家高尔基曾经用通俗的语言说出一个深刻的道理：爱孩子，这是连母鸡也会的事情，关键是怎样去爱。对孩子娇宠放纵，从来没有好结果。与其对孩子在物质上关怀备至，不如从精神上体贴入微，得到理解、关怀和尊重！独生子女普遍物质供养过剩，精神关怀不足，以至他们不知何为"理解"。二是让孩子多参加这样的实践。探望病人，慰问邻居，帮助朋友，都可以带孩子一同前往，让孩子习惯于帮助别人。

（3）爱护小动物

给孩子一颗善的心，要让孩子从爱护生命开始，不要随便打杀小动物，比如鸡、兔、猫等。爱护小动物是许多德国幼童接受的"善良教育"的第一课。在孩子刚刚学会走路时，不少德国家庭就特意为孩子喂养了小狗、小猫、小兔、小金鱼等小动物，并让孩子在亲自照料小动物的过程中，学会体贴入微地照顾弱小的生命。幼儿园也饲养了各种小动物，由孩子们轮流负责喂养，还要求孩子们注意观察小动物的成长、发育和游戏，有条件的还须做好"饲养记录"。孩子们正式入学后，他们的作文中常常会出现有关小动物的生动描绘，其中优秀的篇章会被教师推荐为范文在壁报发表。此外，利用自己积蓄的零用钱来"领养"动物园里的动物；捐款拯救濒临灭绝动物，也是德国小学生热衷的活动。

德国的中小学还普遍开展有关"善待生命"的讨论或作文比赛。一个13岁的男孩以充满爱怜的笔调，记录了他为一只小鸟医治创伤，后来又将其放归大自然的过程。文章荣获了该校"善待生命作文大赛"的第一名。相反，虐待小动物的孩子轻则须接受批评或训导，重则可能受到大人的惩罚。如果效果不明显，还可能被送去做心理治疗，因为这是比学习成绩滑坡更为重要的

"品德问题"。

德国人在这方面绝非小题大做——越来越多的德国人已有这样的共识：小时候以虐待动物为乐的孩子，长大了往往更具暴力倾向。

（4）同情弱者

同情、帮助弱小者也是德国人对孩子进行"善良教育"的另一重要内容。在成人社会的倡导、鼓励下，孩子们帮助盲人、老人过马路早已蔚然成风，为身有残疾的同学排忧解难也并不是什么新鲜事。

法兰克福有一个孩子粗暴地将上门乞食的流浪者驱赶出门，全家人特意为此召开了家庭会议。大人们严肃、耐心地启发孩子：流浪者尽管穿着邋遢，同样享有人的尊严。使孩子明白了一个道理：仰慕强者也许是人之常情，而同情弱者更是美好心灵的体现。后来，孩子建议邀请此受辱的流浪者来家做客，大人们则毫无保留地支持。

（5）宽容待人

"宽容待人"被德国人普遍认定为一个人"善良品质"的一方面。一个叫雪丽的 7 岁小女孩在自己的生日晚会上遭到好友梅芙的无端抢白而感到大丢面子，因而试图报复以泄心头之恨。但后来在母亲的劝说下，她通过和梅芙谈心了解到：当时梅芙喂养的小兔子突然死去，心情十分沮丧，故难免"出言不逊"。在经过一番"将心比心"后，雪丽宽容地原谅了梅芙，两个小伙伴的友谊更深厚了。

　　善良的人都是有爱心的人。在我们周围，有许多家长对孩子的爱心教育并不重视。有的家长认为，现在就这么一个子女，只要自己有能力，孩子想要什么，我就给他什么，图的就是让孩子快乐、幸福；也有的家长认为，对孩子来说，最重要的就是多学点知识、技能，在聪明才智上超越其他的人，至于其他的方面，用不着这样教，孩子大了自然就什么都会了；更有甚者，把孩子的任性、自私、霸道等表现视为孩子的聪明，而加以纵容。这样长久下来，就会让孩子失去爱心，变成一个冷漠的人，一个与社会脱节的人。

　　古今中外，爱心被认为是一个人的基本道德和社会的灵魂。对于一个人的个性发展而言，没有什么能比爱和善良更重要的了，这是孩子将来亲和社会的基础和前提。孩子的爱心是通过自然而然的模仿和潜移默化的渗透而逐渐形成的，是一个从外在到内在、从量变到质变的发展过程。在这个过程中，家庭是最重要的爱心培育基地，父母是最直接的爱心播种者。

　　那么，我们在日常生活中怎样来培养孩子的爱心呢？俗话说得好：言传身教。榜样的力量是无穷的，也是最有效的。要使孩子富有爱心，父母必须从自己做起，从家里的点滴小事做起。因为父母的一言一行在孩子的成长中起着重要作用，在孩子的心里会产生难以磨灭的印象。如在家里，要孝敬长辈，经常给长辈倒茶、盛饭、倒洗脸水、给父母洗脚、梳头等；逢年过节时给长辈买东西、送礼物；还可以让孩子一起来商量送什么礼物给自己的长辈；经常带着孩子去拜谢对自己事业上有过帮助的人和自己的亲戚朋友，既让孩子开眼界，又让孩子从中体会到父母对长辈、同事、亲人的关心和体贴之情。同时，对孩子也要多加关心、要有诚意。如：说话经常用温和的语气，孩子遇到困难时，让孩子把心里话说出来，并帮助他寻找解决的办法等；在夫妻关系上，经常给爱人夹夹菜、捶捶背等，出差回来时，不要忘记给家人带份礼物，语言方面还可以说些如：亲爱的，你辛苦啦！你先歇会儿吧！别着急，我来帮你呀！不要紧，困难总会解决的！谢谢你帮我做的一切！

●多与孩子进行闲谈式的情感交流。任性自私的习惯一旦养成，"我"字当头，自我情感体验（高兴、不高兴）意识特别强，在这种情况下，即使是情绪化的说理教育也令他反感，产生心理抵触情绪，因此强调闲谈式，即家长尽可能创造或利用与孩子相处的机会（吃饭、旅行、逛街等等），不失时机地与孩子进行闲谈，将实质上的有意识淡化在形式上的自然随意上。可以谈些孩子感兴趣的事情，缩小彼此的距离，并适时地抓住孩子谈话中某些可以"抒发情感"的内容，真诚地道出自己的心理感受，显得自然得体，给孩子创造了一个了解情感世界的机会。孩子为此而产生出对父母的亲近感和朋友式的信任感。建立在这种关系下的说服教育也易于被孩子接受。作为回报，孩子也会在日常活动中表现出理解、合作的精神。

●当好孩子的榜样。家长对他人的爱心言行，会潜移默化地影响着孩子。如果家长既能用有声的爱心语言（如"老人家，我来帮帮你吧！"）去强化孩子的爱的意识，又能以充满爱心的表率行为导之以行，就能使孩子产生一种积极的仿效心理。

●给孩子创造实施爱心行动的机会。如引导孩子主动帮助左邻右舍干些力所能及的事；或在家长生日时，暗示孩子来表达对父母的爱（比如说"后天是妈妈的生日了，我怎样才能感受到你也是非常爱妈妈的呢?") 而当孩子付出行动后,以微笑的表情、赞扬的语气及时地给予表扬,能激起孩子产生一种关爱他人后的愉快的心理体验,并会产生不断进取的强烈愿望,以致逐步形成把关爱他人当作乐趣的相对稳定的健康心理。

●注意培养孩子的"同理心"。"己所不欲,勿施于人",这句话被很多人推崇,说明这句话有一定的积极意义,让孩子学会用"同理心"去思考问题,这样,他掌握"社会学"这门大学问的速度就会大大加快。

●培养孩子树立正确的人生观、价值观。"己所不欲,勿施于人"虽然有正面的因素,或者说是我们首要提倡的一种观念,但同时这句话也有其负面的东西:是不是说"己所愿为,可施于人"呢?要是那样话,这个孩子具有什么样的价值标准就显得非常重要。

有时候"老实人是会吃些亏",但要知道并不是说老实人曾经吃过亏就不要做老实人;有时候软弱了是会受欺负,但并不是说我们就时刻要以一个谁也不敢碰的姿态去面对别人。有人教育孩子:在外面谁敢欺负你你必须还击,打胜了老子赔钱,打败了回来老子也饶不了你!可以想象,这样的孩子总有一天会倒在比他更强的人的拳头下。

所以,我们要培养孩子正确的人生观、价值观,让"真的、善的、美的"东西充满他们的心灵,成为他们为人处世的基本准则。孩子应该学会防止不法伤害的方法,但不是对人生处处设防。

●创造一个温馨愉快的家庭氛围。父母是孩子的第一任老师,家庭是孩子的第一所学校,因此,家长有责任为孩子创设一个益于身心健康发展的和谐、幸福的家庭环境，使孩子在良好环境的熏陶下，学会做人。

这样，孩子在父母的言传身教下，受到潜移默化的影响，自然而然地就学会了怎样去关爱他人，培养出了他们的爱心。

善的对立面是恶，要学会行善祛恶。要锻炼出淤泥而不染的优良品格。

屈原，在楚怀王时期，主张联齐抗秦，选用贤能，但受贵族排挤不被重用，遭靳商等人的毁谤，被放逐于汉北，于是作《离骚》表明忠贞之心。顷襄王时被召回，又遭上官大夫谮言而流放至江南，终因不忍见国家沦亡，怀石沉江而死。其忌日成为后人纪念他的传统节日——端午节。这就是屈原"出淤泥而不染，濯清涟而不妖"的一生。

李白高呼着："安能摧眉折腰事权贵，使我不得开心颜"，表现出他对污浊官场强烈的鄙视，不愿意与官场的贪官污吏同流合污。

陶渊明《归园田居》中的"采菊东篱下，悠然见南山。"一方面是说陶渊明宁可不继续踏上仕途之路，也不愿意为了追逐名利而出卖自己的灵魂，另一方面也表达了他将自己寄情于山水之间，在山水田园生活中怡然自得的心情。

还有，明朝少宝于谦，在黑暗的宦官势力的压迫下，依然保持着两袖清风，天顺元年因"谋逆"罪被冤杀。

怎样才能努力做到出淤泥而不染？

第一，我们要做的就是要有一颗羞耻心。

儿童的羞耻心是在自我意识的发展过程中产生的，是一种以自尊心为基础的道德情感，也是影响一个人行为品德好坏的内在因素之一。

一般 3 岁以后，幼儿便开始意识到了自己，就需要别人承认他的人格。这时儿童开始懂得因做了大人不满意的事而感到羞愧，但这种羞愧只有在成人的刺激下才会出现。到 5 岁左右，就不需要成人的刺激而能独立地表现出羞耻心了。6 ~ 12 岁的儿童，随着生活面的扩展，自尊心愈加明确，羞辱感也越来越强烈。

父母要善于观察、分析儿童羞耻心的产生与发展，并因势利导地进行教育。在孩子做错了事时，要善于运用他们的羞耻心，去激发他们的歉然、后悔的情绪体验，动之以情，晓之以理，导之以行，培养和爱护孩子的人格及自尊心。有的孩子做了错事，要求父母"保密"，家长应理解和保护这种正常而脆弱的羞耻心，切忌挖苦、讽刺、羞辱，甚至体罚，因为那样会使孩子幼小的心灵受到创伤，久而久之，会使他们的羞耻心逐渐淡化和泯灭，或者走向极端：对自己的不良行为习以为常，那就什么羞耻事都会干出来了；或在极度羞辱的情况下，成为胆小自卑、拘谨的人。

羞耻心是一个人意识到自己的言行、品质与社会道德准则、行为规范不相符合时而产生的一种内疚、自愧、难为情等等的心理反应。培养学生的羞耻心，有利于他们道德信念和道德行为的形成，有助于整个社会道德水准的提高，有利于良好的社会风气的形成。

羞耻心出自人们判别是非、善恶的良知，与道德观念密切相联，并由一定的道德行为所激起。它是个人道德行为的内部动力之一，也是一种自我监督、自我检查的力量。羞耻心是人之所以为人者。孟子说过，"无羞耻之心，非人也。"还说"耻之于人大矣"。人不可无羞耻心，否则将麻木不仁，肆无忌惮，任何坏事都会干了。相反，对学生而言，一旦他们有了羞耻心，就有了对于卑鄙可耻的事物的抗毒剂，就会树立正确的价值观念，自觉地遵守学校的各项规章制度，自觉地遵循道德原则，校正和调节自己的言行、愿望、动机，提高遵守道德规范的自觉性；而且还可以把羞耻心化为向上、奋发图强的力量。培养学生的羞耻心，也是建立文明社会、提高民族素质的需要。

培养学生的羞耻心可以采取以下的途径：

（1）创设情境，诱发羞耻心

人在一定的道德情境中可诱发情绪体验，学生羞耻心的培养可结合具体的情境刺激。为此，可创设特定的情境氛围，如班风、校风、校园文化氛围等，通过集体舆论赞扬或谴责某种行为，使学生发生强烈的道德情感体验，把舆论变成学生羞耻心产生的催化剂。学生不仅在同伴或集体面前为自己的不良行为感到羞耻，他们还会为了力图避免再产生那种令人不愉快的羞耻的体验，把产生羞耻心的情境牢牢记住。这样不仅羞耻心得到正常的健康的发展，不良行为也能得到有效控制。还可通过反面典型，有感情地解剖历史上、现实中的"无耻之徒"，并给以无情的鞭挞、唾弃，使学生也受到强烈的感染、震撼，产生战栗，进而对"无耻之徒"的卑劣行径感到愤恨。

（2）提高明辨是非、善恶的能力，培养羞耻心

知羞耻于知，发展于知，一个不明是非善恶的人，对自己的过失行为不会感到羞耻。学生尚未成熟，他们对一般事理不易辨别清楚，多半缺乏判断能力，有时自己做错了事，还自以为是，久而久之习惯成自然，更不觉得羞耻。对学生羞耻心的培养，学校要与社会、家庭紧密配合，进行正面引导，对他们的过错要及时纠正，帮助他们树立起正确的是非观、善恶观，提高道德评价能力。

（3）确立自尊心，形成羞耻心

自尊心与羞耻心是道德情感中相辅相成的两个方面，没有羞耻心，必然没有自尊心，同样，没有自尊心，也谈不上有羞耻之心。自尊者方知耻，"人贵知所贵，然后所耻"，一个自尊自爱的人，会为做不道德的事而感到羞耻，培养学生的羞耻心，必须帮助他们确立自尊心。首先，应通过组织各种集体活动，增强学生的集体荣誉感、自豪感，并努力造成彼此之间、师生之间互相理解，互相尊重的和谐气氛。其次对他们的积极行为应给以肯定，表扬，消极行为应给以否定、批评，对成功给以鼓励，对失败给以激励。再次，要尊重他们的人格，保护他们的自尊心，尤其是对有过错行为的学生，更不应该挫伤他们心灵中最敏感的一个角落——自尊心。

（4）激励道德勇气，升华羞耻心

对于有一些事不应该做，固然必须引以为耻，而对于有一些事应该做却没有做到，也应该感到耻辱。羞耻心不仅是消极地限制人们做坏事，更是积极地鼓励人们做好事。教育者应随时激励学生的道德勇气，以使他们在讲耻、知耻的基础上，急公好义，勿忘国耻，振兴中华。

第二，要学会明辨是非。

生活中我们会发现，有的孩子在报摊买了口香糖就直接把包装纸扔在了柜台上。既然把包装纸给扔了，那他最后八成把口香糖也直接吐在地上了。这是违反规定的，无视不可随地乱扔垃圾的这条社会规则。而这么做的孩子八成觉得自己只是想扔才扔的。这个孩子无法控制自己想要扔的冲动和心情，即使前方几米处有垃圾桶也无法忍着到那里去扔包装纸。而任由自己的冲动和性情来生活，是意志力差的表现。因为无法控制自己，只是随性子去做事情，正是自身意志力薄弱，自控力差的表现。

相反，意志坚强的孩子在这种情况下会克制自己，观察四周，如果有垃圾桶的话就会到那里去扔。即使附近没有垃圾桶，也不会乱丢包装纸。懂得遵守规则礼仪，能够抑制自己的冲动的孩子正是意志坚强的孩子。而培养孩子们的这种自控力在父母平时的教育中就可以做到。

所以请一定要把孩子培养成懂得遵守规则礼仪，能够自我控制的人。因为能够做到的孩子才是意志坚强的孩子。人仅仅凭着感性来辨别是非是很困难的。

那么，能够遵守规则的要点是什么呢？答案就是心中要有自己的信念标准。如果心中有"无论何时都不能乱扔垃圾"的信念标准的话，那么无论心情好还是不好，无论周围有没有人，都会按照自己心中的信念标准来行动。心中有自己的信念标准的孩子，行动时是不会犹豫动摇的。而这种信念标准正是意志坚强的一部分，通过抑制想乱扔垃圾的冲动，也有助于增强孩子的忍耐力。

　　而让孩子的心里装有正确的信念标准是父母教育的使命。父母务必把能够明辨是非的信念标准作为礼物，送给孩子，让孩子在受教育的过程中牢牢地记住。

　　孩子生性天真无邪、幼稚无知，在辨别是非和控制行为的能力没被开发出来之前，他们对自己行为并没有"对与不对"的概念，这就难免做错，甚至会伤害自己或他人。小时候缺乏控制力的孩子，不管他长大后的智商如何，一生都不容易获得成功，甚至会是一场悲剧。家长要让孩子顺利成人成才，就必须从小对他进行正确是非观念的教育，赋予他正确的行为控制能力，及早帮孩子养成良好品质。无数成功人士的体会是，父母一定要从小就告诉他：

（1）"好孩子不能'任性'，要'听话'、'守纪律'。"

　　从孩子在母亲怀里，就要用行为加语言来教育他听妈妈的话——好好吃奶、好好睡觉；这会使他的生命活动，从一开始就适应有规律地运行。待到孩子能听懂大人的话，就要告诉他，自己该做什么、不该做什么；能做什么、不能做什么，要按照爸爸妈妈和家中长辈人告诉的去办，因为在这个世界上，这些亲人最疼爱他，按这些人的话去做才不会伤害自己和别人。从孩子入托、入学起，就要教育他听阿姨、听老师的话。告诉他，他们会像爸爸妈妈一样爱他，还会教他知识，让他变得更聪明。当然，这里有两个前提，一是让孩子听的话都是对他的正确要求；二是家长们的意见要一致，不能有分歧，不能让孩子不知听谁的才对。

　　孩子并不会因为家长告诉他要"听话"，就每次都乖乖"听话"。当家长对他的要求与他的想法、愿望不一致时，他会表现出不愿接受，甚至反抗。如果孩子的要求无理，父母必须态度明确，坚决予以否定；不管孩子使出什么招数也不能让步，不能一见他哭闹就心软；要用孩子能理解的语言和方式告诉他，"好孩子"不能"任性"，不能家长、老师让做的事偏不做、不让做的事偏做；不能想怎么样就怎么样，不听大人劝告；想用"哭闹"和"不吃饭"来达到目的是对不行的；还要结合具体情况向孩子说明"不听话"的害处。否则，孩子会因此得到经验，以为有了"有效武器"，经常拿来使用。家长放纵孩子"任性"，就等于为他打开了"不服管教"、"可能学坏"的大门。

孩子入学以后，最好采用与他"约法三章"的方法，来对他提出"听话"的要求，鼓励他自我约束行为。与孩子"约法三章"的内容，开始要简单明确，易懂易记、容易做到，以后随孩子一天天长大再不断补充、完善。

大多数学习成绩欠佳的孩子都有纪律性差的特点，总是管不住自己。他们也知道上课应当注意听讲，不能随便说话或摆弄东西，不该东张西望、精神溜号，下课不该在教室、走廊打闹，可就是总改不了这些毛病。原因是他们的自控能力没有从小得到很好的培养，随意、散漫、任性、贪玩已成了习惯。入学后，老师要求他们遵守纪律，他们也想听老师的话，做个能管住自己的好学生，可是习惯的力量太大，常常打破他们的愿望，老师、家长的批评，有时又会使他们没了信心，就放弃努力了。结果，陷入恶性循环，学习成绩越来越差，上进心、自信心越来越小，与家长和老师的抵触情绪越来越大，甚至最后导致了逃避或对抗。

所以，培养孩子遵守纪律的好习惯，不能等到孩子入学时才开始，也要早抓，让孩子从小头脑中就有"要守规矩"的概念。

比如，让孩子知道，家里的各种用品都有固定摆放位置，每次用后要放回原处；每天的饮食、起居都有定时，到了该睡觉的时间，哪怕玩得正高兴，也要立即去睡觉。孩子不想按要求去做，家长不能因为孩子吵闹就让步，也不能对他声色俱厉，要口气平和地坚持，直到孩子服从。就是做游戏也要训练孩子遵守规则，例如下棋时就要让他懂得"落子不悔"，不能玩赖。

教育孩子从小遵守社会公德和一些法规也很重要。这不仅能帮助孩子从小增强遵纪守法意识，也是训练孩子遵纪守法行为习惯的重要方面。家长带孩子外出，要遵守公共秩序，排队购物、排队上车，不乱挤、不加塞；在影院、剧场、餐厅等公共场所要顾及他人感受，不大声喧哗，讲卫生、爱护公物，等等。

（2）"好孩子不能'懒惰'，要'勤劳'、'爱劳动'。"

从孩子能听懂故事起，就要让他知道，"勤劳"是一种美德，"懒惰"为社会不齿的是非观念。孩子大点以后，在让他学习"自己的事情自己做"时，要告诉他手的锻炼对人的智力发育促进作用很大，想做聪明的孩子就要爱干活。孩子入学前，要告诉他在学校，劳动是学生的必修课，每个学生都要轮流当值日生、积极参加学校组织的各项劳动，并教孩子一些必要的劳动技巧；孩子入学后，则要以尊敬老师为例，教育孩子热爱和尊敬劳动者，告诉他不认真听课就是不尊敬老师、不尊重老师的劳动。

培养孩子爱劳动的好习惯，一定要教孩子学会做简单家务。四五岁的孩子，就可以学着，在家长下班时帮助拿拖鞋、接挎包；五六岁的孩子就可以学着，饭前帮着摆椅子、摆碗筷，饭后帮大人擦桌子、洗碗筷；再大一点就要让他和家长一起打扫居室卫生，帮妈妈择菜、洗菜，帮爸爸擦车等；还要带孩子参加一些公益劳动，如春天的植树、冬天的扫雪，或为邻居发报纸、取牛奶等。

家长不能总认为"孩子小，做不了"或是怕他"做不好"，对他不放心、不放手，什么事情都包办。孩子小时，无论学做什么，他都会在好奇心的促使下非常积极、热情十足，但过不了多长时间，就会因为感到有些累、发现不好玩，或是自己没做好丢了面子，就不愿意再做了。家长千万不能迁就他，放弃培训计划。

教孩子学会做简单家务，对孩子今后发展具有非常重要的意义。美国哈佛大学做过一项持续了 40 年的研究，结果表明，童年家务劳动多的人，成年后与各类人交往关系亲密的可能性，比劳动少的要高出一倍，收入高的可能性大 4 倍，失业的可能性则为 1/15。因为孩子能从做家务中感受到自己在家庭中很重要，增强他们的责任感和自信心。而一个人的责任感和自信心，是决定他工作态度与工作绩效的重要条件，是社会评价人才的重要方面。

有一对夫妻的儿子是独生子，虽然学前教育中，也从道理上没少对他进行要"勤劳"的美德教育，并要求他在学习上要勤奋，参加学校各项劳动要积极；可是在生活上却对他照顾得太多太细，在"自己事情自己做"上打了折扣，也没把"学做家务"纳入教育日程，让他在这方面有些"懒"。结果，在儿子考上清华离家之后，吃了不少苦头。他去报到，父母没有像有的家长那样进京去送。儿子到校后人地两生，又是拿行李，又是办手续，忙得不亦乐乎。他 1.8 米的大个，体重又有些超标，偏偏分了个上铺。宿舍里学生和送行的家长站了一地，儿子只好在床铺上往新领的被子上套被罩。他在家里从没干过这类活，也没注意过母亲是怎么做的，这下可抓了瞎，一个被罩套了两小时。儿子看着别的同学有家长帮忙很快就弄完了，又急又累又多少有些后悔没让家长去送。后来，小时候欠的这一课，也一直在困扰着儿子，他在这方面总是做不好，让父母放心不下又无可奈何。为此，家长后悔极了，希望年轻的家长能记取他们的教训。

（3）"好孩子不能'粗野'，要'文明'、'有礼貌'。"

要告诉孩子，"讲文明"是人类区别于动物最基本的特征之一，是社会不断进步的产物。好孩子一定要讲文明、有礼貌，不能言谈举止粗野。

要从小就教他使用礼貌用语。从小就告诉孩子：见到长辈要称呼"您"，并主动问好，而不能以"喂"、"老头儿"来打招呼或直呼其名；请人帮助要用商量口吻说"请"、"劳驾"；得到了别人帮助不能认为理所当然，要说"谢谢"；当别人感谢自己时要说"别客气"；妨碍了别人时，不能不表示歉意，更不能说"活该"，要主动说"对不起"、"请原谅"；当别人向自己赔礼道歉时要说"没关系"或"不要紧"，与人分别时要说"再见"。

培养孩子有礼貌还要注意细节。要告诉孩子：到别人家中做客要预先联系并注意守时；进别人房间要先敲门，得到主人允许；夏天不能赤膊出门，任何季节都不能身穿内衣裤或睡衣访问别人或在家里接待客人；客人来了要主动让座，倒茶，会客时要坐姿端正，与人谈话时不能挖鼻孔、抠耳朵、剔牙齿、搔痒痒、脱鞋袜、抠脚趾；在别人家做客不能乱翻动或随便吃人家的东西；就餐时，在客人和长辈没动筷之前，自己不能先动筷，也不能在菜盘中翻拣，餐具要轻拿轻放，吃东西时不要发出咀嚼声；在公众场合咳嗽、打喷嚏、吐痰，均需用手绢掩住口鼻，不能冲着别人；在应该致谢或道歉时，父母与孩子之间也必须致谢或道歉。

教孩子讲文明，还要重视孩子文明心理的培育。"爱"是文明之源，心中有"爱"的人才能崇尚、喜欢文明行为，鄙视、厌恶粗野举止，自觉尊敬父母、尊敬长辈、尊敬老师，与同伴、同学和谐相处。家长在向孩子灌输"要文明，不要粗野"是非观念的同时，一定要对孩子进行"爱"的教育。家长对孩子进行"爱"的教育，不能不提到它的对立面。要通过讲历史、讲故事，让孩子知道只有对敌人才能以"暴"制"暴"；在和平年代、和谐社会是不能使用暴力的。这里特别要强调一点，家长对孩子的教育首先不该使用暴力。

一般说来，多数家长对这个问题还比较重视，注意从小教育孩子礼貌待人、举止文明、不说脏话、不打人骂人。可也有的家长对孩子的粗野行为并不纠正，还有个别家长总怕孩子在外吃亏，以让孩子有自卫能力为名，教孩子在受到侵扰时要"以牙还牙"，让对方吃到苦头，这是非常错误的。

家长应当教孩子学会自我保护，但绝不能让他崇拜暴力。每当看到有的家长这样教育孩子时，就会让人想起时有发生的一些悲剧：几个孩子打架，一个孩子挥刀刺向另一个孩子，被刺的作了冤魂，刺人的成了囚犯，双方的父母都哭成了泪人；孩子长大不学好，赌输了就朝家里要钱，不给就挥起斧子砍向父母；从偏远山区考上了大学的孩子，不能理解同龄人的成长条件为什么相差那么远，嫉妒之下起了杀心，同宿舍的同学丢了性命……那些走向犯罪的孩子，都是从小没有得到父母良好教育，才养成粗野个性，酿成血案。

（4）"好孩子不能'说谎'，要'诚实''讲真话'。"

要把孩子培养成堂堂正正的人，就要教育孩子从小说真话，不说假话；做了错事勇于承认、知错就改；不随便拿别人或公家的东西，借别人的东西要还，捡到东西要归还失主；等等。

要让孩子诚实，家长要特别注意：孩子的愿望、要求合理，就尽量给予满足，以防他们为达到目的而说谎；孩子做了错事，要冷静对待，态度温和地鼓励孩子承认错误，帮他找到原因，改正错误，不要用训斥、体罚来对待孩子的过失。

有些孩子不诚实，就是从父母身上学的。比如，有的家庭婆媳关系不好，家里有多少钱或买了什么东西，不想让老人知道，可孩子看见了，当妈妈的就告诉孩子："别对奶奶说。"这就是在教孩子说谎。还有的家长以为孩子小，为孩子一时高兴，随口答应了孩子请求，过后又不肯兑现。家长对孩子的这种言而无信，也会在他心中种下不诚实的种子，还会使自己在孩子心中失去威信。

在通常情况下，孩子说了谎，家长都会很生气，因为很担心他会因此学坏。但是，纠正孩子不诚实的行为，绝不可简单从事，一定要首先找出孩子说谎的原因，分清是"有意说谎"还是"无意说谎"，然后"对症下药"。

孩子"无意说谎"，有时是由于对感知过的事物记忆不清或时空概念掌握不准；有时是由于意志力差，难于言行一致；有时是由于年幼无知，对道德问题还缺乏认识，不以为说谎是坏事，反以为会取悦于人；有时是由于认知能力水平较低，把想象当作了现实。对待孩子的无意说谎，家长也要加强教育，但要淡化处理，不要说他"说谎了"，要教他学会区别想象和现实，并用正确语言来表达。

孩子"有意说谎"的原因：有的是为了得到某种东西，怕得不到；有的是想做某种事情，怕不允许；有的是做错了事，怕受惩罚；有的是为了得到大人的赞扬，说了假话。对待孩子有意说谎，家长也需要认真分析原因。如果是因为自己对孩子要求过分严厉造成的，就要先纠正的自己做法，然后再告诉孩子一定要跟爸爸妈妈说真话；爸爸妈妈有错也会改；说谎的孩子父母不喜欢，以后不能再说谎了。如果是孩子的坏习惯，一定要耐心给他讲清说谎的害处，督促他改正。

拿他人东西的行为，在幼儿中也较常见。有的是忘了还，随手放进了自己口袋带走了；有的是因为喜欢，想拿回家玩几天；也有的是真想占为己有，故意拿的。对于私自拿了别人东西，在初次发生时，家长要加强教育，使孩子明白这样做不对。如果重复发生偷拿行为，家长一定要坚决制止，并采取积极措施加以纠正。一般来说，只要大人不贪图别人的东西，孩子身上出现的这类问题不难解决。

（5）"好孩子不能'浪费'，要'生活上节俭'。"

勤俭节约是中华民族的美德，是我们从祖辈那里继承下来的宝贵精神财富，一定要把它传给子孙后代，千万不能让它在我们手里丢失。我们这样说，是因为现在生活比过去好了，家长们对孩子的物资供给一般都大大超过了需求；家长教育孩子时，要"节俭"不要"浪费"的课题多少有些淡化；在发展市场经济，经常提倡"扩大销费"之时，很多家长心中也没有了"生活要节俭"的概念。

现在全世界都在关注环境保护、关注气候变暖，"地球资源有限、很多资源不能再生"，有识之士都在呼吁"节约能源、拯救地球"。这是在更深层次上说明了奢侈浪费是在犯罪，在更大范围内提倡节约与俭朴。要孩子们长大后能把这场人类自身的革命进行到底，我们就必须重新拾起小时候父辈对我们经常教育的话题，告诉孩子：人的生活不能奢侈浪费，这不仅是美德，也是生理需要；过度的享受给人带来的不是长寿，而是现代人的富贵病——动脉硬化、糖尿病；清廉俭朴是良药，既能让人无病又能让人无灾。

培养孩子"勤俭节约"的好习惯也要生活中点点滴滴小事入手，在教孩子学会自己穿衣、戴帽、整理和收藏衣物时，要告诉他：穿衣戴帽虽是个人爱好，却反映着一个人的审美观念，体现着一个人的气质、修养；穿着的美不在新、奇、特，不在价格昂贵，而在于整洁、舒适、得体；其中"得体"很重要，"得体"就是穿着要与自己的年龄、身份相适应；不要追求穿名牌、赶时髦，只有适合自己的才是最美的。在教孩子学会吃饭时，要告诉他不能掉饭粒，要吃多少盛多少，不能剩饭，更不能吃不了就把饭倒掉。在给他买生活、学习用品时，要告诉他要爱护、要省着用，想当"环保小卫士"，就要从小事做起。

过去说"再穷也不能穷孩子"，现在对有的家庭来说，是不是可以换个说法，"再富也不能富孩子"。家长对孩子过度宠爱，弄得很多孩子一点也不知心疼东西，好好的玩具没玩几天扔了，好好的书本没用几天就撕了，剩饭剩菜随手倒掉更是常事，这样的孩子长大后，生活上追求的是高档房、高档车，自己的收入不够就当"啃老族"。这样的孩子遇到天灾人祸，生活条件突变，会很难适应。可谁又能保证自己的孩子一生都不会遇到这类事情？

总之，孩子的是非观念只有内化为习惯，内化为体现意志的自我控制能力，才能成为他终生的财富。这需要一个对正确行为长期坚持、对错误行为不断及时纠正的过程。在这个过程中，父母应当是最严格的老师、最坚毅的教练。我们既已为人父母，就应尽到职责。

（三）坚持就是胜利

1."最美的垫底者"

马拉松选手约翰·斯蒂芬·阿赫瓦里代表祖国只参加了一届奥运会——1968年墨西哥城奥运会，在57名参赛者中垫底。在此之前、之后他也并未有任何值得一提的好成绩破纪录，这在长跑高手层出不穷的非洲可谓平淡无奇。但就是这样一位垫底者，却获得了比不少奥林匹克冠军更响亮的名声和更广泛更持久的影响力。如今，人们仍忘不了他，他的名字被镌刻在奥林匹克名人录，成为北京奥运系列节目《英雄之歌》的一分子。在他的家乡坦桑尼亚，一个"约翰·斯蒂芬·阿赫瓦里竞技基金会"正开足马力运作，为家境贫寒、但有运动潜力的田径新苗提供资助，他曾被法国《队报》誉为"最美的垫底者"。

奥林匹克的宗旨不是更快、更高、更强吗？这位垫底者究竟做了些什么，竟获得如此高的荣誉？

话说 1968 年墨西哥城奥运会是第一次在高原举办的夏季奥林匹克盛会，特殊的地理和气候条件让那届奥运会的田径比赛好戏连台，出现了许多空前的好成绩。相形之下，马拉松比赛的成绩太一般了，冠军、埃塞俄比亚人马默·沃尔德的成绩 2 小时 20 分 26 秒 4，比他的同胞、两届奥运金牌得主"赤脚大仙"阿贝贝·比基拉在 4 年前东京奥运会上创造的 2 小时 12 分 11 秒 2 差了一大截，亚军日本的君原健二和季军新西兰的迈克尔·瑞安 2 小时 23 分多的成绩更是平平。记者们除了例行公事般看一眼颁奖式，最多关注一下因伤只跑了 17 公里便颓然倒地的"赤脚大仙"比基拉，对其他选手并未太在意，观众们也没对马拉松投注过多热情，等颁奖仪式结束，场地内其他项目都已比完，他们便三三两两地退场回家了。

过了一个多小时，组委会开始通知马拉松沿途的服务站开始撤离，结果得到一个让所有人都吃惊的消息：有个选手还在跑！

原来这个还在跑的选手就是阿赫瓦里。他在跑出不到 19 公里后因碰撞而摔倒，膝盖受伤，肩部脱臼，但他并未就此退出，而是一瘸一拐地继续向终点跑去。渐渐地，所有选手都将他远远甩在身后；渐渐地，围拢在街道两侧打气助威的人群已散尽，天色也越来越黯淡，所有人都觉得马拉松比赛已经结束，只有阿赫瓦里本人坚定地跑着，因为他觉得，自己的比赛远未结束。

又过了半小时，天色已全黑，阿赫瓦里仍在继续着。由于剧痛，他的慢跑比寻常人散步还要慢，他的膝盖不住流淌着鲜血，嘴角也痛苦地抽搐。

不知什么时候，他的身边出现了一名男子，《三角洲天空画报》的记者，这位记者同情地看着他，不解地问，为什么明知毫无胜算，还要拼命跑下去？

阿赫瓦里显然毫无准备，他默默地又"跑"了好一会儿，才突然坚定地答道："我的祖国把我从7000英里外送到这里，是要我完成比赛的……"被深深感动的记者不但向自己的杂志社发了稿，还立刻把稿件发回奥林匹克新闻中心；阿赫瓦里的名言不一会儿就通过广播回荡在墨西哥城这座世界人口最多城市的上空，许多本已回家的市民纷纷赶到路边，为这位勇敢的选手助威、欢呼，在观众的鼓励下，阿赫瓦里拖着伤腿，顶着满天星斗，走入了专门为他打开灯光的阿兹特克体育场，几乎是一码一码蹭到了终点线。

他被当作英雄般簇拥着，受到了远比冠军更隆重的礼遇。由于过于激动，人们忘了统计他的确切成绩，在奥运成绩册上只有他获得的名次：75人中的第57名，排在他之后的18位选手，都是因各种原因中途退场的。

阿赫瓦里1938年出生于英属坦噶尼喀的姆布卢，参加墨西哥城奥运时已是30岁老将。虽然他此前并无煊赫成绩，但作为坦桑尼亚历史上首位参加奥运竞技的选手，他没有辜负国家的厚望，成为"最美的垫底者"。奥运后不久他便退役，进入坦桑尼亚奥委会工作，如今他将主要精力投注于"约翰·斯蒂芬·阿赫瓦里竞技基金会"，他希望能帮助更多小选手，让他们在今后的奥运赛场上不再跑在他人身后。

阿赫瓦里胜利的原因就是两个字：坚持。"坚持"二字才可以称得上是人生的根本动力，无论做什么事，都要讲究一个坚持。

胜利贵在坚持。要取得胜利就要坚持不懈地努力。饱尝了许多次的失败之后才能成功。可以这样说，坚持就是胜利。

一位世界著名的保险推销大师，即将告别自己的职业生涯。他的告别大会吸引了保险界的数千位精英前来参加。当许多人问起他推销的秘诀时，大师微笑着表示不必多说。这时全场的灯光暗了下来，从会场的一边闪出了 4 名彪形大汉，他们抬着一个下面垂着一只大铁球的铁架子走上台来。现场的人都觉得丈二和尚摸不着头脑。那位保险推销大师走上前去，用小锤子把铁球敲了一下，铁球没有动，隔了 5 秒，他又敲了一下，铁球还是没有动。于是，他每隔 5 秒就敲一下，持续不断，但是铁球还是不动。这时台下的人群开始骚动，有些人陆续离场而去。大师仍然静静地敲着大铁球，台下的人越走越多，留下的只有几百人。终于，大铁球开始慢慢地晃动了。50 分钟以后，大幅摇晃的铁球，任何人的努力都不能让它停下来。最后，大师面对剩下的几百名观众，同他们一起分享了一生的成功经验："成功就是简单的事情重复去做，以这种持久的毅力，每天进步一点点，当成功来临的时候，挡都挡不住。"

古往今来，许许多多的名人正是依靠坚持而取得胜利的！

《史记》的作者司马迁，在遭受了腐刑之后，发愤继续撰写《史记》，并且终于完成了这部光辉著作。

他靠的是什么？还不是靠坚持。要是他在遭受了腐刑以后就对自己失去信心，放弃写《史记》，那么我们现在就再也看不到这本巨著，吸收不了他的思想精华。所以他的成功，他的胜利，最主要的还是靠坚持。

海伦·凯勒出生后的第 19 个月，一场突如其来的猩红热产生的高热使海伦·凯勒变成了一个集盲、聋、哑于一身的残疾人。尽管命运之神夺走了她的视力和听力，她却用勤奋和坚韧不拔的精神紧紧扼住了命运的喉咙。《我的生活》结集出版，轰动了美国文坛。一个世纪以来，《我的生活》被翻译成 50 多种文字，传遍了世界每个角落。海伦·凯勒一生共出版专著 14 部，大都成了激励美国人的优秀读物，而她在《大西洋月刊》上发表的散文《假如给我三天光明》更因其孤绝的旷世之美，而征服了全世界的读者。如果你问我是什么让她有这样的成就？我只能回答你，是坚持。

外国名人杰克·伦敦，他的成功也是建立在坚持之上的。他坚持把好的字句抄在纸片上，有的插在镜子缝里，有的别在晒衣绳上，有的放在衣袋里，以便随时记诵。终于他成功了，他胜利地成为了一代名人，然而他所付出的代价也比其他人多好几倍，甚至几十倍。同样，坚持也是他成功的保障。

半塔保卫战中我军以少胜多，以弱胜强，创造了在遭敌优势兵力围攻下固守待援，打守备战的经验。陈毅同志说："半塔保卫战是固守待援的范例。"敌兵力共有 1 万多人，武器装备良好。而我守卫半塔的兵力只有 500 多人，加上外围部队总兵力约 3000 人，其中还包指两个学生队：一个女生队和少年队，大部分没有枪。敌我兵力悬殊很大，形成了对半塔的包围。当时我五支队指挥机关所在地苏营和半塔之间的通路也被敌人封锁。固守半塔，以待援军，打得敌人大败。为什么能胜利？那就是坚持！

荀子说："骐骥一跃，不能十步，驽马十驾，功在不舍。"这也正充分地说明了坚持的重要性。骏马虽然比较强壮，腿力比较强健，然而它只跳一下，最多也不能超过10步，这就是不坚持所造成的后果；相反，一匹劣马虽然不如骏马强壮，然而若它能坚持不懈地拉车走10天，照样也能走得很远。它的成功在于走个不停，也就是坚持不懈，这也就像龟兔赛跑：兔子腿长跑起来比乌龟快得多，照理说，也应该是兔子赢得这场比赛，然而结果恰恰相反，乌龟却赢了这场比赛，这是什么缘故呢？这正是因为兔子不坚持到底，它自恃自己腿长，跑得快，跑了一会儿就在路边睡大觉，似乎是稳操胜券，然而乌龟则不同了，它没有因为自己的腿短，爬得慢而气馁，反而，它却更加锲而不舍地坚持爬到底。坚持就是胜利，它胜利了，最终赢得了比赛。

"水滴石穿，绳锯木断"，这个道理我们每个人都懂得，然而为什么对石头来说微不足道的水能把石头滴穿？柔软的绳子能把硬梆梆的木头锯断？说透了，还是坚持。一滴水的力量是微不足道的，然而许多滴的水坚持不断地冲击石头，就能形成巨大的力量，最终把石头冲穿。同样道理，绳子才能把木锯断。

功到自然成，成功之前难免有失败，然而只要能克服困难，坚持不懈地努力，那么，成功就在眼前。在我们现在的学习中，一定要学会坚持，只有坚持才能取得成功，所以说，坚持就是胜利。

父母培养孩子坚持不懈的习惯，鼓励孩子用坚忍不拔的毅力，敢于面对困难和挑战。

1998年11月，地中海畔的一座小城——西班牙的奥罗佩萨，世界国际象棋儿童分龄组冠军赛正在这里紧张地进行着。来自82个国家和地区的选手中，一位中国小姑娘最引人注目，她在已赛完的前九轮较量中唯一保持全胜，提前两轮捧走了16岁年龄组比赛的冠军奖杯。"这是新的奇迹，中国人天生会下棋！"在这位中国小姑娘无可争议地夺冠后，一位西班牙资深棋手感慨地说。

这位小姑娘就是王瑜。她的成功，与父亲王振虎的悉心培养密不可分。

学习棋艺是一个枯燥乏味而又异常艰苦的过程，时间一长，小王瑜难免有些厌倦。为了鼓励女儿坚持不懈地学下去，王振虎常常跑遍津京书店，搜集国际象棋书籍，每买到一本新书，王振虎都要在书的扉页上摘抄一两条名言警句，有时甚至不辞辛苦专程赶到北京，只为给女儿求得棋界名人的一句赠言和一个签名。王振虎将自家的生活费压了又压，多年来，夫妇俩没添过一件新衣服，家里没添过一件家用电器，但无论生活多苦，王振虎也从未动摇过支持女儿学棋的决心。

父亲面对困难的勇气和坚持不懈的态度，深深地感染了小王瑜，她暗下决心，一定要努力学成棋艺，早日替父亲分忧。工夫不负有心人，几年之后，她不但拥有了父亲那些优秀的品质，还获得了巨大的成功。

2. 如何培养坚持不懈的精神

怎样培养孩子坚持不懈的精神，我们给父母们的建议是：

● 明确努力的目标。要坚持不懈地努力，首先要树立一个目标。为了培养孩子的好习惯，父母要不时帮助孩子明确目标，然后再督促孩子持续地努力以完成目标。

●将大的目标分解成阶段性目标。很多目标是无法一下子就达到的，这时为了减少孩子的压力和逆反心理，父母要善于将大目标分解成若干比较容易达到的小目标，将长远的目标按进程分解成阶段性的目标。只有这样，孩子才能在不断达到目标的喜悦心情下，充满热情地克服困难，坚持不懈地去努力。

●让孩子做事善始善终。经常性的磨炼，可从小事做起，如作业要认真对待，做力所能及的家务活要认真完成等。

●要提高完成某一任务的信心。要帮助孩子学会克服困难，提高完成某项任务的信心。交给孩子任务时，要把任务交代具体，并提醒他在完成任务中可能会遇到的困难，让孩子有充分的思想准备，再教给一些克服困难的方法，使孩子做到心中有数，以增强其完成任务的信心和勇气。

●在原则问题上决不让步。要让孩子养成坚持不懈的习惯，是一项长期而艰巨的任务。在这个过程中，父母切不可一时心软就对孩子让步。有了第一次就有第二次，长此以往，所谓坚持不懈就会变成一句空话。

做一件事情要做到坚持的话，应该有5个方面比较重要：

第一，兴趣。这点最重要，通常，要把这件事情当成一种爱好和兴趣，就很容易坚持下来。

第二，态度。坚持不懈当然也是一种态度，凡事要做到坚持不懈之前，应当要培养信心、勇气、企图心和上进心，这些态度之间是相辅相成的。

第三，成本和效益。通常每个人做一件事情，都带有成本和效益的，成本低效益越高的话，那坚持做下去的动力也就越大。打个比方，为什么在校的学生，学习成绩好的多数往往是家境环境不怎么好的学生。他们一定很明白，只有不断努力学习，才能改变自己未来的生活。反过来，成本高效益低的话，那就很难坚持下来，这里指的成本和效益不光是物质方面的，精神方面也是一种。

第四，环境问题。在生活中，我们每个人都不是一个独立的个体，都或多或少受到环境的影响。为什么军队里，每个当士兵的，都能坚持出操和训练，这是环境在影响士兵。为什么一个优秀的团体，人人都能坚持努力工作，也是一个环境的问题。我们现在回想一个现象，以前是不是有一种经历，在同一个环境，身边每个人都坚持不懈做一件事情，是不是自己也能和别人一样坚持下去，我想坚持下去的概率是很大的。

第五，认同感。认同感多数源于环境，通常做一件事情，周围的人都觉得你做得好，做得对，你通过别人对你评价获得快乐和认同，我想能把这件事情坚持不懈做下去也比较容易。说到这里，有人会问，那社会上还不是有很多人，做事情刚开始别人也不理解和认同，他还不是照样坚持不懈，最后获得了成功。我认为这个也是一种认同感，只不过是的自我认同而已。这种人具有非常强烈的自我认同感，他们做这件事情一定会认为是对的，可以给自己带来快乐，要坚持做下去。

3. 关于坚持的箴言

坚持意志伟大的事业需要始终不渝的精神。

——伏尔泰

公共的利益，人类的福利，可以使可憎的工作变为可贵，只有开明人士才能知道克服困难所需要的热忱。

——佚名

在希望与失望的决斗中，如果你用勇气与坚决的双手紧握着，胜利必属于希望。

——普里尼

你既然期望辉煌伟大的一生，那么就应该从今天起，以毫不动摇的决心和坚定不移的信念，凭自己的智慧和毅力，去创造你和人类的快乐。

——佚名

最可怕的敌人，就是没有坚强的信念。

——罗曼·罗兰

只要持续地努力，不懈地奋斗，就没有征服不了的东西。

——塞内加

无论是美女的歌声，还是鬣狗的狂吠，无论是鳄鱼的眼泪，还是恶狼的嚎叫，都不会使我动摇。

——恰普曼

书不记，熟读可记；义不精，细思可精；惟有志不立，真是无着力处。

——朱熹

既然我已经踏上这条道路，那么，任何东西都不应妨碍我沿着这条路走下去。

——康德

坚强的信念能赢得强者的心，并使他们变得更坚强。

——白哲特

三军可夺帅也，匹夫不可夺志也。

——佚名

立志不坚，终不济事。

——朱熹

富贵不能淫，贫贱不能移，威武不能屈。

——孟子

意志若是屈从，不论程度如何，它都帮助了暴力。

——但丁

只要有坚强的意志力，就自然而然地会有能耐、机灵和知识。

——陀思妥耶夫斯基

功崇惟志，业广惟勤。

——佚名

能够岿然不动，坚持正见，渡过难关的人是不多的。

——雨果

立志用功如种树然，方其根芽，犹未有干；及其有干，尚未有枝；枝而后叶，叶而后花。

——王守仁

（四）梦有多大　舞台就有多大

我们心中的梦想有多大，我们实现梦想的舞台就有多大。因为心中有梦，就有光明指引着我们走向辉煌人生。无论身处何地，不要忘了心中那个原始的梦。有梦才有动力，年轻的你，是否已经树立好了自己的人生目标呢？

人生好比一个大舞台，每个人都是主角，而你的舞台有多大，你的表演能被多少人接受，就取决于你的理想和信念。自己有目标，有上进心，并且不停地付诸实践，那么，你的观众将越来越多，你人生舞台的边际也将无止无尽。

拿破仑曾说："不想当将军的士兵不是好士兵。"我们应该竭尽全力去追求任何一个有可能实现的目标。强者意志的确立是十分重要的。不论在什么样的环境中，只有树立雄心壮志，才能干出一番轰轰烈烈的事业；有了崇高的目标，就会产生进取心，奋发图强，有了雄心，就会点燃激情乘风破浪。

2012 年 3 月 8 日，《福布斯》杂志发布了 2012 年的全球富豪排行榜。他们获得了非同寻常的成功并产生了深远的影响。这些名流巨贾不仅演绎着令人咋舌的财富神话，而且神气地重塑着人们对于财富的态度和感受。在财富的创造过程中，他们对财富的欲望是如此明显，有了雄心才有无限的活力，有了雄心才会不断努力，才能与成功相约。即使你两手空空，但如果你始终揣着雄心，你就不是一无所有。当然，我们的行囊里也别忘了带上"知识、能力、机会、友谊、毅力"等等。只有具备了足够多的成功条件，我们才能距离成功近些、更近些。

中央电视台的一个公益广告广告语，叫做："心有多大舞台就有多大。"

聋哑舞蹈演员邰丽华说："每个人都有一个梦想，残疾人也有，正是因为有了梦想，人们才有动力去实现。"在中央电视台的《我要上春晚》节目中，没有双腿的舞蹈演员廖智"站"在了舞台中央，跪在鼓上的她表演了一出叫《鼓舞》的舞蹈。红绸飞舞，失去双腿的廖智用自己残缺的身体在一面大鼓上旋转翻滚，做出各种高难度的舞蹈动作。这是一场震撼人心的演出！现场掌声雷动，观众无不满含泪水地看完廖智这场令人难忘的舞蹈演出。在这些成就的背后，廖智为舞蹈所经历的苦难，不是一般人所能想象的。如果没有汶川地震，廖智应该有一个美满的家庭，是一位幸福的年轻妈妈，女儿如今也该有3岁了，她也依然在舞蹈学校里教学生跳舞。但是，可怕的地震让她失去了一切，失去了亲人，也失去了自己用来跳舞的双腿。可廖智没有就此沉沦下去，她珍惜生命，笑对生活，她用自己瘦小的身躯撑起了一片天空，为舞蹈而活，为梦想而歌。

现实生活中，所有重要成果，哪一项不是雄心壮志铸就？这些创造神话的佼佼者，是因为他们的先天优势异于常人吗？不，不是的！是因为他们目标远大，并且能够坚定不移地向着目标去努力，最终凭借自己的本领踏上成功的巅峰。"心有多大，舞台就有多大，世界就有多大"。没有尝试永远不会成功，没有信念永远没有行动，没有行动永远不会有自己的舞台！唯有心怀梦想，唯有多一份努力和勇气，多一份信心和毅力，才能在人生广阔的舞台上描绘出属于自己的壮丽蓝图！

下面，我们来看一篇名为《坚持梦想就是人生的意义》的文章，你的感触也许会很深。

有的人会问："人生真的需要梦想吗？我觉得有和没有没什么差别嘛！"

　　我们不妨来看看。在我们孩童时代，经常有老师、叔叔和阿姨问我们："小朋友啊，你将来长大了想做什么呢？"我的回答是："我要当一名老师。"有的小朋友会说："我要当一名医生。"有的会说："我要当一名科学家。"

　　其实，这么看来，我们每个人在小时候就已经有了梦想，但是我们很多人又说了："我也有过很多的梦想啊，但是总是没有实现嘛！"呵呵，这非常正常，因为梦想只是起点，还有很多其他的因素制约着，比如：勤奋，学习，勇敢，坚持，行动，环境等等。

　　如果你一定要成就你想要的人生，你就必须从拥有梦想开始！

　　我们伟大的周恩来总理，在他孩童时代就告诉老师："为中华之崛起而读书！"所以最终成了令人敬仰的一代伟人；毛主席把"解放全中国"作为他的奋斗目标，才有了今天的新中国；阿里巴巴董事局主席马云因为有了梦想："要让全世界的商人赚钱不再那么困难，可以通过网络就轻松实现"，才成就了今天的阿里巴巴商业帝国。

　　而今天，之所以有我在北京--些街头小巷的演讲，也正是因为我有了这个梦想！

　　在 2010 年 9 月 8 日晚与我一特好的朋友交流完后，我发现没有什么比我能给很多人去演讲更快乐，更加让我愿意全力以赴去做的事情了！于是大声告诉自己："我要用 5 年时间，成为'80后'中国最知名的演说家！"

　　然后我开始制订计划，每天我都要用业余时间，至少在 1 小时以上训练自己，把很多真实的学习总结、感悟、经验教训分享给更多的没有机会聆听和学习的人，支持大家的成长！

我认为，战争年代的人需要有梦想，和平年代的我们也一样需要梦想，用梦想的人生来充实我们的灵魂！在 21 世纪的今天，我认为我们年轻人能够拿出自己一点小小的智慧与身边的人多分享，为人民提供服务，这是年轻人的价值观，是一种特别有意义的活法！更加符合现代"网络"发展的科学观念：提供大家互动交流和分享的平台，这也正响应了胡锦涛主席提出的"科学发展观"。

而当你这么去为人、去做事情的时候，你会发现很多你意想不到的收获会来到你的身边！

有一天，我在山东肥城宝盛大酒店旁边的转盘处演讲《高效时间管理的实施方法》，大概 20 多分钟的时候，一个 30 来岁的年轻人走过来，说："你怎么称呼？你是在对着自己讲吧？刚开始走了过去，觉得是个疯子，后来感觉还挺有用，于是返回来了，留张名片给我吧，改天给你打电话别忘了我啊，我是自己在办企业的。"

当我听到这番话的时候真的好高兴，后来来了十几个人坐在旁边听，其中还有一个 50 来岁的老爷爷。真的感觉我的演讲是有价值的！

后来在我从山东返回北京的途中，听到一人在谈就业的话题，于是就站起来开始分享关于"就业，不抱怨，工作效率提高，如何修炼自己"等话题，一讲就讲了 3 个多小时，嗓子都快哑了。当我听到不断的掌声与很多朋友过来要名片和 QQ 的时候，很多人说：你讲的东西真有用，谢谢你！特别是一个20岁左右的年轻人说道："我第一次来北京，本来有很多的疑惑，感到很迷茫，但听完你的演讲后我发现我已经没那么迷茫了，真的谢谢你！"他的话，激发我将每天的演讲坚持下去，并不断学习，逐渐形成系统，以支持更多的人。

又有一天，在公司对着墙壁作了一个小时的《人生需要梦想》的演讲之后，晚上回到中关村住的小区，开始了一场新的演讲。

开始我就站在门口的一颗大树下演讲，没有任何人听，但是我依旧继续《人生需要梦想》的主题演讲，逐渐有人走过来听，最开始一个男的过来挑战我说："你成功了吗？你没成功讲个屁啊！"其实听到这样的话正常来说是很难受的，但是我告诉他："没有关系，今天我还不算成功，但是我认为成长比成功更重要！"更为重要的是：我下定决心要实现我的梦想，所以我在不断地训练自己。成功与否不是最重要的！重要的是我知道我在做什么，而且已经开始给一些人带去了价值，所以我会坚定不移地做这件事情！

于是我又开始继续讲，大概过了半个多小时，这时候很多人都站在那里聆听，大约有20多人，他们中间还提出一些现实的问题，比如："如何做到不抱怨？如何让自己的管理能力增强？"等等，然后我们开始分享交流，最后好多人纷纷留下联系方式，希望还有机会一起交流，很多人对我说，真的很有用，原来还有这种方式可以支持别人！当这样的话语一遍遍出现在我耳边的时候，我更加用心去分享，去支持他们，根本感受不到累了！

　　当时有一位年轻的女孩子对我说："你讲的很多东西都是我心里面想说的，我特别的高兴，我愿意后面经常跟踪记录你的行程，拍一些照片。"而另一位宋总特别邀请我到他那里做客。我说今天比较晚了，改天一定抽时间拜访。最后走的时候，一位华商协会的年轻朋友给我说："非常荣幸能听你演讲，改天有空一定再来，我请我们的几位领导过来认识你！"

　　当我开始在海淀路社区里面演讲："人生需要梦想，梦想需要坚持不懈的行动，行动需要一个合适的平台。"开始没什么人听，慢慢地一些人开始停下来听我讲，其中一位马先生特别给了我一张小纸条，上面留了电话让我联系他，特别让我感到意外。

　　可是后来大概过了半个小时的时间，一位 40 来岁的中年人走过来说："你在讲什么？"我就说我在讲述我的梦想和认识需要梦想，他大声说："你在干扰大家的生活！"然后我就开始有情绪了，你凭什么这么说啊？请你不要说了好不好，如果影响到了你，你可以不听，没有关系的，可是啊，他就更加上火啊，还问道："你刚才说你们有段时间创业，其中有 2 个人工资很低，都快不能自给自足，你干吗啊？"我说："没有干吗啊！"可是他走上来想打我，告诉我一定要告诉他原因，你说说看什么叫不能自给自足，你今天不交代清楚，你别走！结果我当时没有控制好情绪，仍然与他对抗了几句，后来好几个聆听的都去劝他，最终我离开了。不过真的内心非常感恩这些聆听者，他们是我学习的榜样！

　　事实上，这件事情回想起来，还是在于我没有做到内心的平静，如果真的他那么大声告诉我扰民了，我就走开也无妨嘛！反正也没什么，可是争辩并没有带来任何的好处，反倒加剧了他的不理解和阻止。这倒给我上了一课：做任何事情都会有人不理解的，关键在于你遇到困难的时候如何处理与解决，但是达到一个平衡点是至关重要的！看来修炼自己这方面的成长还有一段路要走啊！

但是，我想说的是："以后肯定还会遇到更多的困难，但人生的梦想需要坚持，即使困难重重，也要克服它，挺过去，因为人生就是这样不断挑战和战胜困难的过程，这才更有意义！"以后我会继续演讲下去，同时也学会了找合适的场所和注意讲话的方式！

过了两天，我接到了那位华商协会的年轻朋友的来电话，他说：为了感谢我给他带来的，特别邀请我参加他们举办的名人活动，将有杨澜，陈安之等老师出席演讲。我真的好兴奋，也好感谢他的热心支持！

此刻，我暗下决心：我要把露天演讲带到更多的角落，让更多的人在停留之余能有所收获，从而实现更加幸福快乐的人生！这是我的价值，我必须坚持下去！

然后我们约好在宋总办公室交流。通过 2 个多小时的交谈，宋总给我下一阶段的成长提出了很多好的建议，包括如何学习，如何做人，如何共同合作做好事情等方面的内容。

真的，这又一次让我向新的高度发起了冲锋。我将不断修炼自己，训练自己，把这种"支持别人的为人"的价值观带到更多的地方，让我们祖国的明天更加美好！

今天早上，我一边走路一边开始演讲，结果一刚进地铁，就有一位 40 来岁的阿姨说："刚才怕打搅你，能否留张名片？我觉得你能这么做，好有勇气，可不可以请你到我们企业里面讲课呢？"我说好啊！然后作了一番交流。她自己在办企业，告诉我你为你的梦想去这么奋斗，真的是太棒的一件事情！

所以，亲爱的朋友，坚持你我的梦想，那种力量是无穷的！让我们一起脚踏实地地去实现我们的梦想吧！

因为坚持梦想就是演释人生的意义！

梦有多大，舞台就有多大。